儿童情绪管理与性格培养

成长中的心灵需要关怀 · 属于孩子的心理自助读物

我要了解自己

青少年情绪管理手册

Understanding Myself

A Kid's Guide to Intense Emotions and Strong Feelings

[美] 玛丽 C. 拉米亚 博士 （Mary C. Lamia, Ph. D.） 著

左右妈 译

化学工业出版社

·北京·

图书在版编目（CIP）数据

我要了解自己：青少年情绪管理手册 / [美]拉米亚（Lamia, M. C.）著；左右妈译 . —北京：化学工业出版社，2012.11（2025.4重印）

（儿童情绪管理与性格培养）

书名原文：Understanding Myself : A Kid's Guide to Intense Emotions and Strong Feelings

ISBN 978-7-122-15434-7

I. 我…　II.①拉…　②左…　III.情绪－儿童心理学　IV. B 844 . 1

中国版本图书馆 CIP 数据核字（2012）第 232738 号

责任编辑：郝付云　万仁英　肖志明　　　　特约编辑：李　征

责任校对：宋　玮　　　　　　　　　　　　装帧设计：黑羽平面工作室

出版发行：化学工业出版社（北京市东城区青年湖南街13号　邮政编码100011）

印　　装：中煤（北京）印务有限公司

889mm×1194 mm 1/20　印张6　字数75千字　2025年4月北京第1版第21次印刷

购书咨询：010-64518888　　　　　售后服务：010-64518899

网　　址：http://www.cip.com.cn

凡购买本书，如有缺损质量问题，本社销售中心负责调换。

定　　价：30.00元　　　　　　　　　　　　　　　版权所有　违者必究

父母学习一点，孩子幸福一生

年少时的我们，曾经有很多不为成人所知的烦恼，我们的思维世界里充满了各种各样的诉求，渴望得到长辈更多的理解与支持。父母很爱我们，他们对我们的养育在他们的意识范围内已经尽了全力，但那时的我们还是觉得大部分时间很无助，于是，在稀里糊涂和困惑中慢慢长大。今天，轮到我们做父母时，我们是不是该多为孩子做些事情了。

"儿童情绪管理与性格培养"系列是一套能帮助孩子成长的通俗心理读物，它不仅能让孩子好好了解自己的情绪和成长，也能帮助父母、老师更好地认识和解读孩子的情绪和成长。但愿我们的孩子长大之后，回忆童年时，曾经的烦恼可以成为笑谈，因为他们身边有父母、有书相伴，这也是我们作为出版者最大的期望。

作为孩子贴心的陪伴者，书中每位作者都具有丰富的儿童教育经验，深知每一颗成长中的心灵都需要关怀。是的，作为家长，让孩子在出生后的最初几年时刻感受到爱、支持与关怀，"教育"就成功了一半。

"儿童情绪管理与性格培养"系列图书是从美国心理学会引进的；作者均为美国资深儿童心理学家、美国心理学会成员，拥有丰富的实践经验；专业人员担当绘图插画师；译者多有心理学专业背景，且都已为人母或为人父。总之，这是一套儿童成长过程中不可或缺的实用的心理指导书。

作为出版者，同时也是孩子的母亲或父亲，我们了解任何一个不经意的细节可能给孩子带来的威胁，所以，我们磨去了书的尖角，采用亚光的封面……

最后，祝小读者们健康、快乐地成长！

这本书献给所有那些向我倾诉

他们激烈情绪和强烈感觉的孩子们

——玛丽 C. 拉米亚 博士

开始了解你自己

　　你的内在自我包含了大量的信息，这些信息是以另一种语言——情绪的语言存在的。如果你能够解释它，就可以提升自我意识，改善自己的社会关系，提高做决定的技巧，提升控制自己、采取行动以及达成目标的能力。换言之，你就可以更好地了解自己。

　　发现情绪从何而来，了解自己是如何体验激烈的情绪的，这也许会让你感到惊讶。这本书可以帮助你理解某些特定的情绪是由何引发，理解它们带来的感觉和想法，告诉你当这些情绪看起来非常难以处理的时候，你该如何去做。通过这些信息，你将学习如何准确地、恰当地表达自己。而这些也可以帮助他人更好地理解你！同时，你还能学会如何理解他人的情绪，这也算"意外的收获"吧。

　　你可能会对这本书里的"心理学笔记"部分感兴趣。这些都是心理学家们在情绪研究中的实际案例。比如，你将了解到：自己是否能够从某种坏情绪中逃脱出来；某种特殊的气味是否会影响你对某人或某物的喜爱；"小霸王"是否自我评价比较低；微笑是否可以让自己感到更加幸福。这些心理学笔记为你提供了一个机会，让你可以将自己的实际经验同研究者们的发现作对比。

我在书里也加入了一些小测验。通过这些小测验，你可以更加深入地了解自己。比如，你可以问问自己是否会感到嫉妒或妒忌，是否喜欢寻找刺激，是否能够真实地面对自己，是否会因为一个人哭泣而瞧不起他。同时，在每个部分的结束处，我都列出了一些问题，你可以利用它们，联系之前章节里所述的内容，进行一些思考。

作为一名临床心理学家，在我的日常工作中，年轻人总是会跟我谈论他们的想法、感觉和经历。我将他们的那些激烈的感情和强烈的情绪分享在这本书里，也许你会发现自己与他们的感受完全不一样。有了这些信息，我希望你可以开始理解自己的情绪，理解它们会如何影响你的感觉。

祝你在这段了解自己的旅途上度过愉快的时光！

——玛丽博士

目录

第一部分

感知
你的情绪

想象一下，你可以忽略自己的情绪以及它们带来的感觉。如果真能这样的话，你就不会在吃到了腐烂的东西之后感到恶心，不会对某种危险的情况感到恐惧，也不会消极面对那个总是伤害你的朋友。你甚至不会关心某人是否喜欢你，也不会去在意自己得到的某种荣誉。所以，情绪和感觉存在的目的之一，就是给你提供信息，帮助你针对某种状况做出反应和决定。

情绪也能通过你的面部表情和肢体语言，向他人传递信息。解读他人情绪的能力，可以帮你理解他人，从而知道该如何做出回应。尽管情绪会向他人和你自己传递信息，你对某种状况产生的情绪反应也可能会和其他人不同。因为同样的状况对不同的人来说，可能意味着不同的内容。例如，你的朋友特别惧怕蜘蛛，而你却一点儿也不怕。那么，从老师讲台上爬下来的一只大蜘蛛会令你们产生完全不同的情绪反应。她有可能会害怕地抬起双腿，而你则会因为感到有趣而发笑。

因为情绪令你产生的感觉不同，你会把某些情绪描述成积极的、正面的，而把另外一些情绪描述成消极的、负面的。但是，尽管如此，情绪不见得有好坏之分。在阅读接下来的这一章时，你会发现体验某种情绪，不单单是去感受它是否令你感觉良好。事实上，从很多方面来讲，那些所谓的"消极"的情绪，同积极的情绪一样，会对你很有用处。

第一章

情绪背后的科学

每天，都有一些导致你产生情绪反应的事件发生。情绪反应（由你的情绪激发出的感觉和想法）是一种信号，让你对相应的事件做出回应，帮助你保护自己，帮助你传达信息或者做出决定。无需花时间思考眼前的状况，大脑会立即发出指令，引发一种行为，帮助你做出回应。

你的情绪脑

情绪存在于大脑里，尽管你是从自己的身体上感觉到它们。大脑向神经系统发出信号，继而影响你的肌肉和器官，从而产生感觉。根据大脑发出的不同情绪反应的信号，神经系统会指挥你的心跳加速或者减慢，使你手心出汗，让你感到口渴，或者命令你休息。它甚至会让你觉得心花怒放，或者喉咙哽噎。

这些，全因你的大脑会迅速对当前的状况做出判断，自动创建情绪反应，而你会从认知上（通过你的想法）和生理上（通过你的身体）感觉到它。心理学家称此为评估系统。大脑的评估系统会即刻考量当下的状况，甚至在你意识到这些之前，触发情绪反应。因此，如果某种状况使你的大脑评估系统做出了愤怒的情绪反应，你会消极地思考，并感到烦躁易怒。或者它引发了悲伤，你会有不愉快的想法，胸口感到沉重。通过令你体验某种情绪，大脑会尽力给你信息，帮助你对某种状况做出反应。然而，触发情绪反应的时候，评估系统可能并不总是做出正确的选择。关于这一点，我会通过后面的内容，告诉你更多。

情绪的特征

既然已经知道了情绪从何而来，现在你能描述什么是情绪吗？这将把你领进一个关于情绪的科学争议中去。现在，让我们先看看情绪的定义。心理学家和其他情绪研究者常用的情绪定义是这样的。

- **情绪是自动自发的。** 也就是说，情绪是对某种状况的反应，它背后有一个特定的原因。当你踩到了狗狗的便便，闻到自己鞋上的味道，你会很自然地觉得恶心。
- **情绪会引起身体和行为的变化。** 鞋上的狗便便会导致你的神经系统做出反应，那种气味让你觉得胃里恶心，并想要远离它。

◆ **情绪反应给你信息，让你迅速采取相应的行动。**你也许会把臭臭的鞋留在门外，并且今后在走路的时候多加小心。

决定，情绪和感觉

大脑会自动做出决定并激发情绪，然后在你的身体里产生感觉——这种说法听起来也许有点儿奇怪。但是这一过程最重要的目的，是向你传递信息，帮你决定如何去应对——采取某种行动，或者是追求某个目标。举个例子，假设你正走在学校的过道里，在转角处碰见了那个你特别喜欢的人，她也在向你微笑。你顿时变得精神抖擞，心花怒放，兴奋不已。

这一切跟大脑有何关系？当看见你喜欢的人见到你时也面带微笑，你的大脑会立刻——在你意识到这些之前——认出这个人，评估这种情形，激发情绪，指挥神经系统让你感到有活力，感到兴奋。但是，到底大脑是如何帮助你的？大脑把你喜欢的人所做的事情——微笑地看着你——解释为兴奋，从而让你感觉心花怒放。

如果对方的表现是当你不存在，大脑也会立刻做出评估。这时，它可能会激发另一种情绪，让你产生受挫的感觉。而所有这些，都发生在一眨眼的工夫里！

世界各地的面部表情

　　学者们研究了不同文化环境里人们的面部表情，发现特定的表情代表了特定的情绪。世界各地的孩子，当经历兴奋、惊讶、恐惧、伤心、愤怒、厌恶、尴尬和其他情绪的时候，都会做出非常类似的面部表情。所以，当一个中国孩子在不知情的情况下进入自己的生日派对现场时，他可能看起来会非常吃惊，就像面对相同情形时法国的或者美国的孩子一样。但不同文化里表达这些情绪的社会规则有可能不同。在某些文化里，感到伤心的时候你可以放声大哭，而在另外一些文化里，你则要学会更加安静地表达，甚至需要隐藏自己的感情。所以，虽然有些面部表情对所有的人都适用，但是文化差异——或者习得性行为——会告诉我们该如何用口头或肢体语言去表达情绪，以及如何有分寸地表达。

Ekman, P. (1993). Facial expression and emotion. American Psychologist, 48, 384 - 392.

留意你的情绪

　　如果事情并非如你所愿——比如，你喜欢的人并不喜欢你——那么，你也许会试图忽略自己的感觉。消极的感受传递给你的信息并不招人喜欢，但是忽视自己的情绪和感觉，可能会影响你的行为并阻碍积极结果的产生。例如，它会妨碍你去喜欢其他的人。请注意这一点。想想你的情绪反应，弄清楚它们传递给你的信息。

了解大脑是如何解释各种状况，解释得是否准确，这一点也很重要。有些时候，因为你过往的一些经历的影响，大脑对某种状况的解释有可能不是特别准确。大脑会根据过往的经验决定应对某种状况最好的情绪反应。那么，当面对类似的情况时，你可能会有同以前类似的反应，即使那种反应是不恰当的。比如，你曾经因为狗狗的狂吠而受到过惊吓，此后，大脑会把所有类似的情形——在马路上看到任何狗狗——评估成你应该感到害怕的情形。

也许你还应该留意一下自己反应的激烈程度。对某种特定的情形，你的反应程度合适吗？会不会太强或者太弱了？你的情绪反应和行为会向他人传递信息，表达你对他们的感觉。表达情绪的分寸如何把握，以及如何表达这些情绪，都会告诉他人你的感觉。所以，如果你喜欢的人并不微笑着回应你，哭着跑开的反应可能太过强烈（而且戏剧化）了。你也许会感到难过，但是对她说一些无情的话，这样来表达自己的情绪，也是不合适的。

现在你了解了，情绪是大脑发出的信号，它会自动激发你产生各种感觉。面对同一种状况，除了面部表情之外，你的情绪表达方式、反应的强烈程度都有可能跟你的朋友不同，这取决于这种情形对你来说到底意味着什么。情绪的产生是很快的，但有时候，某些情绪会持续很长时间，这又是怎么回事儿？这种心理或情感的状态，我们称其为"心情"。下一章里我们将具体谈到它。

第二章

心情，情绪和感觉

上一次你拥有好心情是在什么时候？坏心情呢？到底什么是"心情"？在我们继续前进前，让我们先来看看什么是"心情"，看看它与情绪和感觉有什么关系。

心情和情绪

通常，心情与特定的人或事无关——它就只是在那儿，在你的心里。心理学家们认为心情不是"真正的"情绪，而是持续伴随你的一系列感觉。

然而，心情会影响你的想法，影响你对某种情况做出的反应。由它产生的一系列感觉会给你的评估系统传递信息。

评估系统是指大脑自发地评估一种情况，产生特定的一系列情绪反应。心情有一种特殊的能量，能够影响评估系统判断和做决定的能力。

让我们回到前面提到的那个情形——你走在学校的过道里，在转角的地方看到那个你喜欢的人正在向你微笑。但是这次，因为一些莫名其妙的原因，你的心情非常糟糕，这让你觉得自己很差劲儿。所以，当你看到那个人微笑，你不会认为那是因为她喜欢你。你自己都不是太喜欢自己，更不太可能觉得别人会喜欢你。你也许会觉得不舒服，从而看向别处。这下你了解了心情可能会影响大脑对某种情形做出的评估吧。

心情和感觉

心情是强大的，似乎可以接管你的感觉。有时你都能意识到心情的影响，它使你对某人或某种情况做出特定的回应。然而有时候，心情又有可能被某种强烈的感觉所掩盖。让我们再回到那个情形，突然碰到那个你喜欢的人，你感觉到兴奋，坏心情可能立刻就变成好心情了。但是你不必总是等着令人兴奋的事情发生来改变自己的心情。有更简单的方法可以让你摆脱坏心情。

摆脱坏心情

心情不好，似乎也没什么办法改善。但是研究者发现，转移注意力其实是一种很好的改善心情的方法。实际上，别老是去想着自己的心情如何，仅仅做到这一点，就可以带来一些转变。所以，该如何去处理你的坏心情呢？分散注意力。花时间跟朋友或家人在一起、整理衣橱、读一本好书，或者专注于某件吸引你的事情，任何事情都可以，只要不再让你注意自己的感觉就行。

Erber, R., & Tessser, A. (1992). Task effort and the regulation of mood: The absorption hypothesis. Journal of Experimental Social Psychology, 28, 339-359.

心情思考

◆ 你是否曾经根据朋友的面部表情去推断他（她）的感觉？你的推断正确吗？

◆ 上次你心情不错是在什么时候？是某天起床以后就开始感觉不错，还是因为某种经历让你开始了好心情？

◆ 你会做些什么去转变自己的坏心情？

第二部分

感知自我意识情绪

被指责 ∗ 被揭露 ∗ 不舒服 ∗ 犹豫不决

自信 ∗ 丢脸 ∗ 困惑 ∗ 孤立无援

满意 ∗ 羞愧 ∗ 满足 ∗ 尴尬

被羞辱 ∗ 受约束 ∗ 与众不同

有些时候，你会比平常更加在意自己，同时认为别人也都在注意你——当老师宣布你赢得了作文比赛，或者在教室里走回座位的途中摔了一跤。尴尬、内疚、羞愧、自豪，这些都是"自我意识"情绪。在经历这些情绪时，你会更加注意自己。它们让你赞美或者批评自己。

　　当感到尴尬、内疚或羞愧时，你可能会认为其他人也在如此消极地评价你。所以，当你处在这些情绪中，有非常负面的自我评价时，你也许很想躲起来，或者希望自己能够隐身。但是自豪这种情绪，会让你有非常积极的自我意识，感到自信并希望向他人展示。

　　让我们来深入了解这些情绪。

第三章

尴尬

尴尬，就是仿佛每个人都看到或者知道了你想要隐藏的那件事情。当朋友或家人泄露了你某些非常个人的信息，当你的隐私被暴露，当你犯了一个很大的错误时，你都有可能感到尴尬。

尴尬的情绪可以告诉他人，你对自己曾经做过或者发生在自己身上的某件事感觉很不好。尴尬会让你对已发生的状况表示负责——脱口而出某件事情并立刻感到后悔——同时你会假设其他人也对你很不满。

为自己的尴尬行为负责已经很难了，但是你可能还认为自己要为父母、兄弟姐妹或者朋友的尴尬行为负责。人们通常认为家庭成员或者朋友的行为会影响自己的社会地位。然而最近关于这方面的研究却显示，真相并非如此。尽管你的

在我的校园生活里，感到尴尬是件大事儿。学校里有可能发生很多事情让你感觉尴尬。

——丽莎

朋友的行为应该令你感到尴尬吗？

    人们经常会通过某人的朋友的行为去评判这个人吗？当你的朋友表现不得体的时候，你可能会像很多人那样，认为你自己的名声也受到了影响。学者们设置了6种不同的情形，让观察者给被观察者打分。在这些情形中，被观察者同一些有令人讨厌的行为的人交往——那些人会挖鼻孔或很响地打嗝。通常，被观察者认为自己也会同身旁那些行为不雅的同伴一样，得到一些负面的评价。然而，观察者们并没有这么苛刻。所以，好消息是，当你的朋友犯了错误，其他人注意的是你的朋友，而不是你。

Fortune, J. L., & Newby-Clark, I. R. (2008). My friend is embarrassing me: Exploring the guilty by association effect. Journal of Personality and Social Psychology, 95, 1440 - 1449.

确感觉是这样。当你的父母、兄弟姐妹和你的朋友互动时，你肯定感觉自己会因为他们的语言和行为而被评判。

    但其实你很幸运，你的父母、兄弟姐妹，还有那位会大声打嗝的朋友，他们的行为才是被关注的，而不是你的。尽管如此，处理这样的场景还是令人感到不太舒服。你可能会不公正地对待他们中的某人，因为你很焦虑别人会如何看你。记住，其实你不会因为另一个人的行为而被评判，你应该试图对他人表现得尊重一些，不满只会让你看起来很糟糕。所以，当你的妈妈像只母鸡一样跳舞的时候，记住是她看起来像只母鸡，而不是你。

人们用不同的方式回应自己的尴尬。有的人可能表现出愤怒，有的人流泪，有的人想逃避，有的人大笑。大多数人都会脸红。

脸红

尴尬时你可能会脸红——脸部觉得很热、变红。为什么人们会脸红，脸红是怎么产生的，这是个非常专业的问题。但我可以告诉你一些有趣的基本原理：当某种情绪引起你的腺体分泌肾上腺素（一种激素）时，你就会脸红了。肾上腺素会作用于你的神经系统，继而扩张负责将血液运送到皮肤的毛细血管。当更多的血液被运送到你的皮肤下，你的脸看起来就变红了。神奇吧？

想控制自己脸红的反应，即使不是不可能，也是相当难的。当你因尴尬而脸红时，你可能需要面对这样的情形：大家都已经注意到你的大红脸。更糟糕的是，他们也许会笑出声来，并告诉其他人你脸红了。你只能等着，等几分钟之后自己的脸色恢复正常。深呼吸可以帮助你的身体平静下来。

我们并不总能控制住自己对内心强烈感觉的表达。脸红就会暴露你的内心，尤其是当你在自己喜欢的人身边，并感到紧张的

脸红也有好处

　　脸红的人经常希望能够向他人隐藏自己的情绪。但是，别人到底是怎么想的呢？有一项研究，调查对于是否会因错误或倒霉的事情脸红的人，人们到底是如何评价的。调查发现，大多数情况下，那些会脸红的人比不会脸红的人让人感觉更加可信，并能得到更多的同情。研究者因此得出结论，脸红可以从好的方面影响他人对你的判断。所以，放心吧！脸红有助于维护你的声誉，而不是损害它。

Dijk, C., de jong, P.J., & Peters, M.L.(2009). The remedial value of blushing in the context of transgressions and mishaps. Emotion, 9, 287-291.

时候。脸红说明你有很好的自我意识。你可能没有能力说出那些你想说的话，但是脸红已经代替你表达了。

令人尴尬的错误

　　你是否曾经因为犯了错误而感到尴尬？每个人都会犯错。犯错时，大多数人都希望可以收回他们所做的一切。

　　犯错之后，你是否会不停地回想？然而，想着它只会让你感到更加后悔。这感觉就像是在接受惩罚。下面是一些克服尴尬的办法。

你会感到尴尬吗？

就下列情形给自己打分，不符合记1分，完全符合记5分。

___ 我不太喜欢朋友说我穿得比较酷。

___ 我喜欢玩游戏，但是输掉游戏会觉得很尴尬。

___ 当必须要面对全班人大声朗读的时候，我会感觉很害怕。

___ 跟朋友在一起时，我会因为家人的言行感到尴尬。

___ 当对自己的外貌感觉不好的时候，我不想让任何人看到我。

___ 朋友因为我喜欢某人而取笑我，这一点儿也不好玩。

___ 总分

你的得分是多少？

20～30分：你对尴尬很敏感。记住，在你这个年龄，感到尴尬是很正常的事情。

6～20分：你不太会脸红哦！多数情况下，你都不太会感到尴尬。令人尴尬的事情发生时，你也不会太在意。

◆ 自嘲！其他人也会跟着你一起笑笑，然后这件事情就结束了。记住，不停地回想并不能改变已经发生的事情。你可以整天不间断地这样惩罚自己，但是这样做于事无补。

17

- 原谅自己，继续正常的生活。提醒自己，你也是人，也会犯错。

- 记住，大部分人其实不会像你一样在意。（真的，你会一直想着别人所犯的错误吗？不太可能吧。）

- 当别人取笑你的时候，别太较真，这不会让你的名声就此毁掉了。总会有人提起你曾做过的傻事，因为这些人不愿去好好回想他们自己所犯的错误。

当你犯了错——当着全班人的面摔了一跤，或者脱口说出了你喜欢的人的名字——脸红一下，让它过去好了。忘了吧，因为其他人很可能根本不会用这些事情去评价你。尽可能使自己下次表现得更好些，从过去的错误中学习，改进自己将来的行为。

对我来说，尴尬是最难对付的一种感觉。比如，有时候你会在课堂上放屁，我就是这样。周围的人都在笑，我觉得尴尬极了。
——杰森

对你来说，感到尴尬或者想避免尴尬可能是件大事儿。现在，既然你已对这种情绪有了更多了解——该怎样应对尴尬，他人会如何回应——下次你就可以更好地应对它了。你知道自己可以的！

你觉得忘记一件尴尬的事，和忘记一件让你感觉内疚的事相比，哪个更容易些？读了下一章关于内疚——另一种自我意识情绪——的内容，也许你可以更轻松地回答这个问题。

第四章

内疚

当你认为自己的行为伤害了别人的身体、情绪或者心理时，你也许会感到内疚。内疚让你自责，让你感觉胃里好像打了个结，或者喉咙哽噎。内疚的情绪会占据你的头脑，你可能会把当时的情形翻来覆去地回想很多遍，担心别人会怎么看你，或者开始厌恶自己。

很小的时候，你就会学到一些概念：关于是非、好坏，关于人们所认为的得体的行为方式。这就是所谓的社会标准。你发现，做正确的事情或表现得体，往往就会被爱，就会得到父母、老师、朋友和其他人的赞许，并且整体来说，感觉自己是个不错的人。

你会从父母和其他对你来说重要的人那里传承他们的社会标准，形成自己的道德标准。

是否感到内疚同你的道德标准有很大关系。它就像是住在你头脑里的一个小法官，不停地判断你的行为是否达到了那些社会标准所期望的。当你要决定做或者不做某件事情的时候，通常你会用道德标准来判断。如果你背离了自己的标准，背叛了自己，没有听从自己的内心，你就会觉得内疚。如果你认为诚实很重要，撒谎是不可接受的，那么在你撒谎的时候你就会感到内疚。回想上次你感到内疚的情形，是什么让你那样感觉？

内疚是为目的服务的

道德标准为你提供指引，帮助你决定如何想、如何做才是可以接受的。但不是每个人都跟你有相同的道德标准。有些人坚持做自己认为正确的事情。事实上，因为做错了会感到强烈的内疚，他们会非常谨慎，希望能够一直做正确的事情。可是，永远做正确的事（一直做个好人），就跟试图忽视自己的道德标准一样，是很难的。

但是，也许你已经注意到，有些人并不会因为伤害了他人而

心理学笔记

你会因为什么感到内疚?

　　为了了解男孩女孩是否会因不同的事情感到内疚,研究者们对五年级、初二和高二的孩子们做了调查。在社会交往中,撒谎、辜负他人的信任、不体谅他人,这些更容易让女孩感到内疚。男孩则更多地会因为打架或者损坏了他人的财物而感到内疚。男孩或女孩都会因为自己内心的某些想法,或者打破规则的行为,如逃学、不顺从、偷窃,觉得内疚。问问你班级里其他的同学,什么事让他们内疚,你觉得你会得到相同的回答吗?

Williams, C., & Bybee, J. (1994). What do children feel guilty about? Developmental and gender differences. Developmental Psychology, 30,617-623.

感到内疚,或者他们根本不去理会自己的内疚。想象一下,如果学校里所有的孩子(除了你)都不会感到内疚,都体会不到这种让他们忠于自己道德标准的情绪,那将是多么可怕的一件事情。很多孩子会撒谎、欺骗、偷窃、伤害他人(如果他们并不在乎卷入麻烦的话)。所以,在社会关系中,内疚其实是服务于某一个目的的,它能帮助人们更好地相处。记住,他人的道德标准可能跟你的不同,这可以帮助你更好地理解为什么另一个人会用不同的方式来对待你,而不是像你对待他那样。

你忠于自己的道德标准吗？

用是或不是回答下列问题：

是 不是

__ __ 有时候，我应该完成一件事情却没有，当被人问起时，我会撒谎。

__ __ 因为害怕卷入麻烦，我可能不会总是说实话。

__ __ 如果我伤害了朋友的感情，他们不是真的希望我能道歉。

__ __ 有时我做错了事，不会去主动承认，我希望没有人发现。

__ __ 大部分人会忘记你做的伤害他们的事情，所以你最好也忘记它。

__ __ 如果你做了错事却不承认，大部分情况下，你可以逃脱惩罚。

__ __ 总计

你的分数是什么？

如果你有3个或以上的问题回答"是"，你也许认为忽略自己的道德标准以逃避内疚的感觉是很容易的一件事情。只有当朋友和家庭成员知道你是真诚的，你会首先承认错误，他们才会一直相信你。

如果你有4个或以上的问题回答"不是"，对你来说，听从自己的道德标准是很重要的。

内疚可以保护你

如果内疚可以让你避免伤害自己或他人，那么这种情绪就起到了保护你的作用，不是吗？如果大脑能根据过往的类似经验评估眼前的状况，这个问题的答案就是肯定的。比如说，你的确很想跟一个朋友交往，然而他却总是做一些有悖于你道德标准的事情，甚至是有可能伤害你的事情，那么，你会怎么做？幸运的是，当你做了背离自我期望的事情的时候，内疚的感觉就会袭来。而且，一旦你做了这样的事，你还得对自己撒谎，用各种站不住脚的理由为自己的行为辩解。

现在你更好地了解了自己，你知道当自己处在一个有悖于自己道德标准的状况中时，内疚会及时提醒你。注意自己的情绪，公正地判断大脑是否对眼前的状况做出了正确的评估，真实地面对自己。

内疚是一种复杂的自我意识情绪。它可以帮助指导你的言行，当你背叛自己的道德标准时，它就会像警报一样响起，提醒你。情绪研究者们普遍认为，内疚是服务于一种目的的，它可以帮助人们在社会交往中和平相处。

对自己或者被自己行为伤害的人承认你的内疚，如果这样做你觉得很困难，可能是因为这会让你感到羞愧。从这个角度来说，内疚和羞愧是相互关联的。那么，接下来让我们看看羞愧这种自我意识情绪。

第五章

羞愧

羞愧同内疚一样，跟你是如何看待自己的有很大的关系。但是两者区别也很大。当你做了有悖于自己认同的**社会准则**的事情时，你体会到内疚。然而羞愧，是因为你辜负了自己——你的**个人准则**所要求的。如果你的行为伤害了他人，你也许感到内疚。但是羞愧，会让你感觉自己整个人仿佛都很差劲儿。

让我们假设，你对好朋友说谎了，会感到内疚，对吧？那么，如果后来，你认识到这样做很不合适，决定对他说出真相，你打算去告诉他。但是在你承认之前，朋友发现你说谎并来质问你，你会怎样？你可能会为自己感到羞愧，觉得你让朋友和自己都非常失望——你没有按照自己的准则，表现出一个好朋友应该表现的。

羞愧的时候，你感到丢脸、耻辱、不合格、讨人厌、有缺陷。羞愧让你想要躲藏起来，或者干脆直接消失。

你的理想状态和羞愧

对自己的某些方面，如果你觉得它们同你认为的"好的"品质有差距，你可能就会感到羞愧。这些方面有可能包括你的外貌、你的朋友是谁、你的言语、你在学校的表现等。但是如果你总是将自己同你认为"好的"做比较，你可能永远达不到自己的要求。

本应属于他人的羞愧

有些孩子可能会因为情况超出了他们的掌控而感到羞愧。但是，其实你根本不必因为居住的地方或者家人的特征而羞愧。因为自己跟某些举止不体面的人有关系，或者认为自己的家庭跟别人的比起来不够好，孩子们就会感到羞愧。被遗弃的或身心遭父母虐待的孩子，他们承接了本属于他们父母的羞愧感，因为他们认为父母离开或伤害他们是因为自己不好。

有时候我觉得我的朋友都很有魅力，为什么我一点魅力也没有呢。我希望自己更高一点儿，希望自己不是卷头发。
——安德里那

我不喜欢朋友来我家，因为如果爸爸喝了酒，他会变得很怪异。
——凯利布

你如何给自己设定标准？

就下列情形给自己打分，不符合记1分，完全符合记5分。

___ 我总想让自己看起来像其他人。

___ 我不满意自己的体形，担心自己太胖或者太瘦，这老是困扰着我。

___ 当考试分数不太满意的时候，我会对自己很不好。

___ 我总是隐藏自己的错误。

___ 如果认识了真实的我，别人也许就不喜欢我了。

___ 总分

你的得分是多少？

20～25分：现实地检查一下你超高标准的要求吧。对自己如此严格有可能会让你感觉很痛苦。找父母、老师或者心理顾问谈一谈，看看该如何正确地评价自己。

16～20分：检视一下自己，你希望成为什么样的人。想想你的标准是否现实，是否能够达到，你是不是应该做出些调整。

低于15分：你的标准还算现实、合适，你对自己不是特别苛刻。

尽管这样做很难，但是尽量不要因为身处的环境或者亲友的行为而感到羞愧。要提醒自己，你是个独立的人，你不能控制别人或者身边的环境。

羞愧和欺凌

羞愧令人感觉很糟糕，所以，有的孩子可能会想办法让其他人也跟他们一样感觉糟糕，这样他们会觉得好过点儿。这是些对他人霸道专横的孩子。不管你是不是这样的人，或者是否被这样的人欺负过，理解羞愧在其中扮演的角色很重要。霸道专横的人经常会感到羞愧，所以他们会试图通过欺负别人把自己这种糟糕的感觉"传递"出去。他们知道什么可以使别人感觉不安全，然后利用这个去欺负或者取笑别人。他们通过这样做，去回避处理自己的不安全感。

在才艺表演会上，有两个男孩因为我拉小提琴而取笑我，还说我是个瘸子。我想哭，不过那样他们更会取笑我。
——明迪

该如何面对自己的羞愧

羞愧让你感觉自己令人讨厌，让你感到自卑，让你认为自己某些地方真的很有缺陷。你该怎么做呢？首先，就像对所有情绪一样，搞清楚是什么引起了这种情绪，判断你的大脑是否评估正

小霸王是不是自尊心都很低？

人们普遍认为孩子之所以表现得霸道无理（富有攻击性、卑鄙），是因为他们自尊心太低。然而，许多研究证明，对他人表现得富有攻击性与低自尊，这两者之间并没有太多的联系。实际上，心理学家们发现这些孩子自尊心都很强，但是他们"很容易感到羞愧"。也就是说，他们害怕失败或者暴露自己的缺点。一个人也许不能很好地处理羞愧的情绪，但是同时他却能保有很强的自尊心。这正是他表现得霸道的原因。他们的行为让自己保持高自尊，因为这样就把自己和他人的注意力从他们本应觉得羞愧的事情上转移开了。所以如果你身边有人表现得很霸道，你可以确定他们自尊心很强，但是他们试图隐藏使自己羞愧的事情。

Thomaes, S., Bushman, B. J., Stegge, H., & Olthof, T. (2008). Trumping shame by blasts of noise: Narcissism, self-esteem, shame, and aggression in young adolescents. Child Devleopment, 79, 1792 - 1801.

确，这很重要。

- ◆ 尽量不要让自己因为不必要的事情感到羞愧。
- ◆ 找回你的自信。引起羞愧的事情可能让你感觉自己很不合格。把令你羞愧的事情跟你的自我评价分开。
- ◆ 挺直胸脯，让自己显得尽量自信。尽管内心你可能并不这样认为。
- ◆ 如果你试图把这种情绪传给他人（比如通过欺凌），记住，你希望的是人们尊重你而不是害怕你。

◆ 试着和善地对待他人，看看这样是否会帮助你自我感觉好起来。

◆ 不要担心自己的弱点。人都有不完美的地方。

羞愧令人感觉很不堪。它涉及你的整个自我评价。理解这种强烈的情绪能帮助你决定，它到底是与你本人有关，还是与你跟他人的关系、你的处境或者某种特定的情况有关。

到目前为止，我们谈论了三种自我意识情绪：尴尬、内疚和羞愧。第四种自我意识情绪是自豪，这是下一章的主题。

第六章

自豪

自豪是另一种让你有自我意识的情绪。同尴尬、内疚和羞愧一样，自豪是在你对照某个标准评价自己的时候被激发的一种情绪。区别是，自豪能够产生尊重和相信自己的良好感觉，使你想要挺起胸脯。

成就、功绩、拥有他人羡慕的品质或事物，这些都会让你感到自豪，会让你对自己非常满意。所以，自豪可以以非常积极的方式让你意识到自己。

让你自豪的情形将积极地影响你的自我评价——你对自我的总体感觉，包括你对自己的重要性的信心。在能够激发你的自豪、提升你的自我评价的情况中，你会想要更努力地工作，以保持这种很棒的感觉。

自豪的反应

当你感觉自豪时，其他人可能已经了解了你的成就、你的个人品质或者其他你拥有的东西。在社交情形中，自豪要么会让你感觉很自信，要么会让你因此而感到不安。想想上次你买回来的那件很酷的新衣服，你是否想象自己穿上它去学校时会感觉很好？当你真这样做时，他人的恭维可能让你感到自信，也可能让你的良好感觉变成不舒服的感觉。

对于令你自豪的事情，如果他人的反应让你觉得不舒服，试着退后一步，意识到别人这样做，更多的可能是同他们自己的不适感觉（比如嫉妒）有关。

我喜欢学校科学展览会的项目工作。但是我拿奖的时候，我的朋友们只是奇怪地看着我。这让我很难为自己感到骄傲。

——凯蒂

当我出色地完成了一件事情，朋友们都会来祝贺我，我觉得真幸运。他们让我为自己感到骄傲，同样地，我也让他们为有我这样的朋友而感到骄傲。

——塞莱斯特

你会不会太自豪？

自信，把自己往好处想，这是很重要的。但你也可能过高地评价自己。过高地评价自己，或者显得过于自信，其他人就可能会认为你是一个以自我为中心的人。所以，你想显得自信，没问题，但是同时，评价自己的时候应该更现实一些——不要贬低自己，也不要太自豪。

人气与自豪

通过口头或其他的方式，我们向他人传递情绪的信息，他人也会通过这些信息解读我们。如果一个人显得很自信，他会有意无意地向他人传递"我为自己自豪"的信息。研究者们想知道，"我为自己自豪"的非语言表达，是不是也会有助于一个人变得更受欢迎。他们发现，显得自豪的人的确会被他人认为有较高的地位，也就是说这样的人受人欢迎、被人喜欢。如果一个人的社会地位信息会被自发地传递给他人，你觉得该怎样做才能让自己看起来更好？挺直胸脯，表现自信，尽量做到最好，这样你就能感觉到并展示自己的骄傲。

Shariff, A. F., & Tracy, J. L. (2009). Knowing who's boss: Implicit perceptions of status from the nonverbal expression of pride. Emotion, 9, 631-639.

认为自己很重要的人有可能欺骗别人，尤其是那些排斥或贬低他人的人。事实上，他们甚至看起来很受欢迎。有虚假的自豪感，排斥、贬低或控制他人而产生优越感的人，可能会成为一群人的焦点。而这群人正需要这种人的肯定和认可。如果有很多人希望你喜欢他们，因为他们把你当作"唯一的"，你看起来可能会很受欢迎，尽管这种爱戴并不是你靠之前的努力赢来的。

你是不是太不自豪？

你也有可能低估自己。你的自尊心可能不强。你也许觉得

什么让你自豪？

用是或不是回答下列问题：

是 不是

__ __ 我拥有至少一项别人没有的才能。

__ __ 当我出色地完成了一件事情，我会让别人知道。

__ __ 我对自己在学校里完成的作业感到满意。

__ __ 大部分时间，不管是什么工作，我会尽力做到最好。

__ __ 对他人而言，我是个很好的朋友。

__ __ 家人永远可以信赖我。

__ __ 总计

你的得分是什么？

如果4个或以上的问题你回答"是"，你的确应该为自己感到自豪！你生活中很多方面都有值得自豪的事情。

如果3个或以下的问题你回答"是"，你可能需要看一下该如何改善，才能让自己有更多值得自豪的事情。

我曾是年级里最受欢迎的女生。我承认自己对组里的同学并不太好，可是他们都努力想成为我的朋友。我表现得毫不在意，甚至说别人的坏话。这反而让每个人都想成为我的朋友。

——安玻

自己没啥可自豪的，可其实并非如此！事实上，自信可以使你更有吸引力。当你相信自己的时候，其他人也会这样认为。你不必为了显得自信而隐藏自己所有的不安。看看自己，为你的优点、才华和能力自豪吧。你不用事事都做得最好才感到自豪。做到最好的自己就可以了。

你已经了解了4种自我意识情绪——尴尬、内疚、羞愧和自豪。下次你有强烈的自我意识时，如果你不希望别人察觉，记住是你那些自我意识情绪让你感觉自己被暴露了，让你担心别人会如何看待你，让你变得对自己更苛刻。希望在所有你将经历的自我意识情绪里，你最常体会到自豪和它能带来的自我尊重。

心情思考

- 想想上次那个让你感觉尴尬的情形。你是如何应对的？
- 还记得上次你做的那件让自己感到内疚的事情吗？谈论它是不是很难？
- 如果一个朋友因为她的居住环境而感到羞愧，你会如何回应？
- 如果一个同伴因为完成了任务而感到自豪，你会怎么回应？

第三部分

感觉
受到威胁

害怕 * 担心 * 犹豫 * 吓坏了

紧张 * 不安 * 压力大

惊恐 * 恐惧 * 惊慌 * 忧虑

不安 * 被拒绝 * 心烦

想象你即将在全校师生面前做一次演讲，或者你在异国他乡跟家人走散了。令人恐惧不安的情形会激发焦虑和害怕的情绪。这些情绪使你感觉不适、不安全。毕竟，大脑是这样告诉你的——它指挥你心跳加速、出汗、肌肉紧张、感觉好像胃里打了个结——这一切让你高度警觉。有些情况下，你可能会觉得充满了力量；另一些情况下，你可能会感觉厄运降临，非常难受。

另一种可能被恐惧激发的感觉是厌恶。与焦虑和害怕不同，厌恶的时候你会对事物或人产生反感。大多数情况下，厌恶会使你的心跳减慢，而不是像焦虑和恐惧那样，使你心跳加速。

接下来的章节里，我们就将讲到焦虑、恐惧和厌恶的情绪，以及该如何处理他们。

第七章

焦虑

当你必须在班级里给大家做一个演示，或者接受某一团队试训时，你是否感觉不安、紧张，或者胃里有些恶心？这些情况下，你可能感到焦虑，因为你害怕会表现不好，即使是当你根本没有理由这样担心的时候。

焦虑时，你会感到头晕眼花、静不下心来，或者烦躁。焦虑可能引起出汗、脸红、发抖或胃里明显的不适感，也可能让你做噩梦或难以入睡。你也许会因为焦虑而咬指甲、过量饮食，或者毫无胃口。看起来很容易的事情对你来说也会突然变得很难。但实际上，焦虑的人可能没有意识到，其他人在类似的情景下也有可能感到焦虑。区别在于，一些人会迫使自己放下焦虑，而另一些人则会尽量避开这些令人焦虑的情形。

感受正常的焦虑

社交、表演、不熟悉的场景都可能会引发焦虑、不安或恐惧。焦虑并不总是坏事情，尤其当它可以激发你的紧张的能量时。但是，有时候它的确会让你担心，你会忘了自己想要说什么。你可能认为别人会给你负面的评价。有些人形容焦虑会使他们的大脑"一片空白"。

如果你曾经因为焦虑而不知所措，要知道，不是只有你一个人这样。这里有一些策略，可以帮助你克服因焦虑而导致大脑空白。

- 给自己打打气，一切都会没事儿的。
- 为将要面对的事情尽可能地做一些练习和准备。
- 想象一个欢乐的、放松的或者安宁的场景。在做那件令你焦虑的事情之前，用这个画面使大脑放松。
- 做几次深呼吸。人们感到焦虑时，往往会忘记呼吸。
- 提前到处活动一下。做一些运动克服你的焦虑。
- 多练习去做那些令你感到焦虑的事情。你做得越多，下次就越不会感到焦虑。

焦虑和你的社交生活

在公众场合进食、使用学校的洗手间、离开父母，或是跟他人有眼神接触，这些会不会让你感到害怕？你的感觉是否阻碍你交友，让你周围的人觉得不舒服？如果你对其中的一些回答"是"，你可能需要一些额外的帮助去处理自己的焦虑。大部分焦虑的人知道自己可能没有理由恐惧，但是对于焦虑，他们好像也并不能做什么。

如果在社交场合你感到非常焦虑，你也许认为自己以后也会这样，所以你会去避免这种情形。避免社交、避免社交带来的焦虑让你感觉更加舒适，但这可能无助于你产生满足感。你需要走出自己的"舒适区"，克服焦虑。找一个同伴支持你、鼓励你，这样可以起到一些帮助作用。

焦虑时，你也许无法很好地回应他人或者处理自己要做的事情。有可能最后你会对自己非常失望，或者担心别人的反应。喜欢一个人而产生的焦虑真是一种痛苦。你可能感到害羞，无法恰当地表达自己。你会感到大脑一片空白，口干舌燥。

感到强烈的焦虑开始占领你时，你可以这么做：

◆ 更加留意他人的反应。记住，他们在焦虑的时候也会表现出害羞或退缩。

> 在我喜欢的女孩面前，我真的非常紧张。我总担心不知道该说些什么。
> ——阿里翰多

◆ 逐渐挑战自己。如果你试着去做平时会引起你焦虑的那些事情（比如同他人的眼神接触），记住你不必一次性做出很大的改变。每天至少做一件事情，一件超出你"舒适区"的事情。

◆ 大笑。想些有趣的事情，试着同他人分享，尽管这件事可能就是引起你焦虑的原因。笑声可以驱走焦虑，带走你的紧张。

焦虑和担心

焦虑总是通过担心表达出来，担心会发生什么坏事情。担心的想法让你感觉好像胃里打了个结、喉咙哽噎，或者干脆就想哭。

> 当妈妈要去哪办事的时候，我就担心个没完。
> 我总是想，她不会发生什么不好的事情吧。
> 我还担心自己生病，比如呕吐或别的什么。
> 有时老想着生病的事，然后就真觉得不舒服了。
> ——杰拉

担心看起来好像也是你在为自己认为即将发生的事情做准备。它会使你想控制或者改变一些事情。这就是为什么担心的时候有一些想法会在你的脑海里挥之不去的原因。你会不停地想，好像你想得足够多，就能找到一个解决的方案。

你可能为很多不同的事情担心——你的考试成绩、你是否合群、你的外貌、世界上的问题，或者你的未来。听到父母的争吵，你可能担心他们会离婚。年轻人经常担心的一件事就是他们的父母会发生不测。这看起来很合理，因为父母是保护你的人，没有他们，你会感到很脆弱。

焦虑和压力

许多人使用"压力"这个词时，其实是想表达焦虑。引起焦虑的经历，会继而引起有压力的感觉。换句话说，压力是由外在的力量引起的反应。压力反应包括生理上的变化，如心跳加速、出汗、口干、气短；压力还会引起行为上的变化，如发脾气、担心。生活中感到压力是正常的。有太多的事情要去做的时候，你可能就会感到有压力。然而，压力本身会让你难以集中精力着手做事，或让你感觉一切完全没有头绪。

面对焦虑、担心和压力，你能做些什么

焦虑、担心和压力是不可抗拒的。下面是你能做的：

◆ 同父母或你信任的人谈论你的焦虑、担心和压力。

◆ 泡个热水澡或冲个淋浴。

我的朋友总是很有压力。看他这样，我也很难受。

别人对他说一个词，他都会哭，或者变得沮丧。我想安慰他，但是看起来我做不到。有时候他会非常不可理喻，他对着自己的毛衣尖叫，看起来很不正常。

——德纳文

心理学笔记

克服压力

有些人看起来比其他人"适应力"更强，也就是说，当他们面对负面和消极的情况时，会比一般人更快地"恢复活力"。是什么令他们有这样的不同？研究者们表示，那些可以从压力中有效恢复的人，能认识到压力的作用，用积极的情绪去设想好的结果。你也可以用幽默、乐观思考或者放松的技巧去引导积极情绪的产生。

Tugade, M. M., & Frederickson, B. L. (2004). Resilient individuals use positive emotions to bounce back from negative emotional experiences. Journal of Personality and Social Psychology, 86, 320-333.

- ◆ 每天运动或快步走。
- ◆ 听音乐，跳舞。
- ◆ 做能使自己平静的事情。深呼吸，闭上眼睛，试着清空你的思绪。
- ◆ 确保每晚都有充足的睡眠。
- ◆ 让你的生活和房间有条理。为要做的事情做计划，列一个表，这样你就不会忘记。

自我激励风格和焦虑

不同的人完成任务以及管理时间的方法都不同。如果老师布置了一个需要在两周内完成的作业，你的同学中那些总是"提前做"的人，可能会感到焦虑和有压力，直到他们完成任务才放松。然而，另一些同学会一直拖延，到期限快到了的时候才开始动手。这些人一般被称为"拖延者"，这个叫法带有一定程度的贬义。自我激励风格没有对错，不管是采用哪一种风格，一个人都有可能很高效，也有可能非常低效。

喜欢拖延的人似乎需要快到期限带来的焦虑和压力，来推动他们完成任务。另外一些人不喜欢等待，他们需要早早地把事情做完，否则，他们会一直有压力或感到焦虑。

对于每一种风格来说，重要的是完成任务，并且完成的任务反映了你最好的表现。提前做还是到最后一分钟才做，都有可能导致忙乱和无序。不论你的激励风格是哪一种，只要确定它能使你以最好的状态工作，并产生最好的结果。

社交和表演的场合里的担心，甚至是通过你独特的激励风格表现出来的担心，这都是焦虑的正常表达。大多数情况下，焦虑会随着产生它的情形的消失而消失。

另一种不安的情绪是恐惧，下一章我们会谈到。你会发现，有些人对恐惧的反应会跟那些感到焦虑的人相似。

你的激励风格是什么？

用是或不是回答下列问题：

是 不是

____ ____ 如果有时间，我喜欢在任务布置下来的时候就开始工作。

____ ____ 一天的任务都完成了，我跟朋友们一起出去玩的时候才会更开心。

____ ____ 当我提前完成了一项任务，我不会再检查一遍。

____ ____ 对我来说，把要做的事情拖延到最后一分钟，这很难。

____ ____ 如果有很多事情要做，我会感到有压力，直到我把它们全部完成。

____ ____ 我决不会把家庭作业留到睡觉前做。

____ ____ 总计

你的得分如何？

如果你回答了3个以上的"是"，你可能是喜欢提前做的人。（记住，交作业之前检查一下！）

如果你回答了2个以下的"是"，你可能更倾向于在期限快到来之前才完成任务。事后检查你自己，是否留了足够多的时间去最好地完成这项工作，如果你需要更多的时间，记住在一个任务中给自己多留一点儿余地。

第八章

恐惧

　　每个人都有感到恐惧的时候。没有这种感觉，你就无法保护自己，对危险的情形无法做出合适的反应。人都有自发恐惧（与生俱来的）和习得恐惧（后天学到的）。自发恐惧可能来自于震惊你的事情（比如有人突然向你扔来一个球）、很大的噪声、跟父母分离。大多数恐惧是后天习得的，比如被苍蝇或昆虫吓到。

　　并不是每件激发恐惧反应的事情都是危险的，但人们在觉得不安全或者身处险境的时候确实会感觉恐惧。恐惧可能由过去的经历引发，某个类似的场景会提醒你以前发生过的事情（比如因被黄蜂蜇过而害怕黄蜂）。

　　恐惧体验起来类似焦虑。区别是，恐惧是对真实的危险或记忆中惧怕的事情产生的反应。焦虑则多半是因为担心不好的事情会发生。所以，当你要去某地旅行，担心那里是不是有黄蜂，这使你感到焦虑。但当你真正到了那里，看到嗡嗡叫的黄蜂围着你，你则会感到恐惧。

面对恐惧，你的身体如何反应

恐惧的感觉，就是大脑发出的警报，告诉你面临着危险，尽管这种危险有可能是想象出来的。大脑能自动地让身体做好准备，以使你更好地回应自己的恐惧。这通常被称为"战斗－逃跑反应"。你会心跳加速，血压和体温升高。一场恐怖电影也能引起类似的反应。尽管你在家里的沙发上其实很安全，可是大脑的评估系统并不知道这个区别，它就是想通知你采取行动以保护自己。

我怕黑，因为我不知道周围到底有什么东西。我爬起来去找水喝，可是地板发出声音，好像有人在那里一样，这太可怕了。
——苏菲

夜晚的恐惧

你的想法也能引起恐惧的反应。你是否有过这样毛骨悚然的经历：晚上躺在床上，突然听到什么声音，你想会不会是有人或什么东西，或者更坏的情形，那个人或东西就在你家里。一切都很安静的时候，想象可能会天马行空。有时，人们读书、看电影，或者听说了可怕的事情后，就会产生恐惧的想法和感觉。另外，那些令人毛骨悚然的、可怕的想法也好像会突然一下就冒了出来。

战斗，逃跑，还是怎么样？

"战斗－逃跑反应"这种说法描述了动物们感觉到威胁时的行为反应。它们要么留下来战斗，要么飞快地逃离，躲避危险。然而科学家们发现，面对危险，动物和人类还有其他的反应。比如，一动不动地站着、装死，或者被吓呆。你可能会大声尖叫而没有肢体上的动作，也可能会一个人躲到自己的房间里去。所以有的研究者建议把"战斗－逃跑反应"扩充为"吓呆、逃跑、战斗、惊骇反应"。另一些科学家则建议也应该考虑照料和结盟反应，包括向他人寻求帮助和支持，或采取措施把情况变得不是那么紧张危险和令人不安。不管我们如何认为，对恐惧产生的反应都是自发的、神奇的。

Bracha, H., Ralston, T. C., Matsukawa, J. M., Matsunaga, S., Williams, A. E., & Bracha, A. S. (2004). Does "fight or flight" need updating? Psychosomatics, 45, 448-449; and Taylor, S. E., Klein, L. C., Lewis, B.P., Gruenewald, T. L., Gurung, R. A., & Updegraff, J. A. (2000). Biobehavioral responses to stress in females: Tend-and-befriend, not fight-or-flight. Psychological Review, 107, 411-429

可怕的梦

睡觉的时候，你的思维可能还相当活跃，做不可思议的梦，就像在大脑里播放电影一样。可怕的梦境会使你感到恐惧，就像在真实世界里那样。大脑会发送信号，让身体产生反应，仿佛梦境里的情景是真实的。你头脑里的那些——包括让你感到焦虑、害怕或沮丧的那些——思维和情绪都会激发可怕的梦境。噩梦，什么样的都有。

梦的产生有很多目的。它是消耗你白天的情绪的一种方式。

也让你提醒自己，感觉受到保护，感觉自己是有准备的、安全的是非常重要的。

即便做了噩梦，也不要让恐惧占了上风！下面是可以用来安慰自己的方法：

◆ 醒来的时候，给自己的梦一个好的结局。回想你的梦境，在脑海里创建一种可以接续梦境的并让你感到安全的情形。

◆ 向你信任的人描述你的梦。

◆ 把梦境写成故事或剧本，或者把它画出来。把它当成一种灵感。

◆ 提醒自己，噩梦并不会伤害你。梦到一件事情并不意味着它会真实发生。

◆ 安慰自己，其实一切都很好。

电视节目、电影和新闻带来的恐惧

你有没有因为看了某个电视节目、电影或新闻而受到惊吓？看恐怖电影或电视节目可能会让你受到过多的刺激。这意味着，那些可怕的场景或声音会停留在你的脑海里，不断地来回骚扰你。晚上睡觉甚至第二天醒来，你还会记得一些，忘掉它们很难。恐怖电影或电视可能让你做噩梦，无法集中注意力。

那些暴力或恐怖的镜头可能会在大脑里存留很多天。它们妨碍你集中精力做你想做的事情。所以，如果你因为看了恐怖节目而做噩梦，这是正常的反应，因为大脑把这些存留的影像当成了真实的情景。如果这样的事情发生在你身上，你可能会认为自己不适合看恐怖或暴力的节目。你不会去看恐怖的东西，因为你不喜欢它带来的感觉。

> 看过的恐怖电影镜头，在我的脑海里、梦里还会出现。当它在我脑海里冒出来的时候，我会试着去想些别的好玩的事情。
>
> ——西蒙

寻找刺激

有些人会刻意让大脑产生恐惧反应。他们喜欢那些有点儿可怕的情形，如恐怖电影，甚至是冒险的行为，因为那会使他们感到兴奋。但保证自己的安全，知道什么时候不应该冒险，这是很重要的。

有些人喜欢出其不意地吓唬别人（比如当朋友毫无防备地走过时，他突然从草丛后面跳出来冲着朋友尖叫）。这是分享紧张的情绪体验的一种方式，就像有的人喜欢一起去看恐怖电影那样。找到一种方法，用紧张的恐惧反应娱乐自己，这很有趣。但是记住，如果你的朋友并不觉得这好玩，就不要再继续吓唬他了。告诉他人你不喜欢被吓唬，那对你来说不好玩，这也是可以的。

恐惧的时候你该怎么办？

不管恐惧是由什么产生——真实的危险、过去的经历、可

你会不会去寻找刺激？

就下列情形给自己打分，不符合记1分，完全符合记5分。

___ 我喜欢朋友突然用很大的动作或者声音来吓唬我。

___ 看恐怖电影其实很有意思。

___ 我觉得待在一个晚上有蝙蝠飞进来的房子里会很令人兴奋。

___ 大自然的事件（闪电、地震、龙卷风）并不会太烦扰我。

___ 当可怕的状况过去，一切都很安全的时候（比如飞机的气流颠簸之后），我通常会笑。

___ 我总是会去游乐场玩那些最吓人的项目。

___ 总分

你的分数是什么？

20～30分：你喜欢受到惊吓，当然，是在保证安全的前提下。你可能会把自己的恐惧反应当作娱乐。

6～20分： 对于害怕受到惊吓，你可能有点儿过于紧张了。你不太会去寻找刺激，也不会把自己的恐惧反应当成娱乐。

怕的梦境或者其他的什么，比方说新闻节目，你可以有很多方式处理你的恐惧。

- 与你信任的人谈论你的恐惧。比如父母、兄弟姐妹、朋友，他们能帮你决定该做些什么，帮你发现该如何给自己安全感。

- 寻求保证或者多问问题。比如，你可以请父母检查大门是否已经锁好；对于让你害怕的情形多问些问题。

- 获取更多的信息。了解真实的情形可以让你感觉不那么恐惧。如果你害怕飞行，去了解一下飞机是怎么飞行的，气流是怎么产生的。

- 记得提醒自己，想象力是很丰富的，其实事情可能并不是它们看起来的那样。尽管你的恐惧可能不是基于事实的，不去想它还是会很困难。用你的想象描画自己感到害怕的情形，然后在脑海里为其创造一个好的结局。

我想孩子们喜欢受到惊吓，所以他们才会去看恐怖电影。孩子们喜欢那种挑战，他们会想，下次我应该看个什么样的？我年轻的时候总去看恐怖电影，因为我就是喜欢那种感觉：有什么竟然可以吓到我。然后我会想还有什么可以挑战自己的。我就是想看看自己到底会有多害怕。

——莱恩

焦虑和恐惧的情绪会激发紧张的反应。很多情况都会使你感到焦虑：担心会使你感到焦虑，自我激励风格也会使你感到焦虑。恐惧是对威胁或危险的反应，它让你警觉，从而采取行动保护自己。威胁可能带来的另一种情绪反应是厌恶，这是我们下一章的主题。

第九章

厌恶

　　厌恶也是一种强烈的情绪，即使只是读着这本书里的内容，都有可能激发你厌恶的面部表情——皱鼻、撇嘴、斜眼。我们总是很难在厌恶时依然保持平常的表情。厌恶让你体验讨厌的、反感的、可憎的事情。结果是，你胃里可能感到不舒服，甚至作呕，感觉自己马上就要吐出来了。让你厌恶的东西是那么令人讨厌，你会想远离它，这样你就不会尝到、闻到或者看到它。尽管厌恶这种情绪反应让人感觉很不好，但它却是保护你的，能够帮你远离令人不快的事物。

厌恶的好处

　　想象一下。你想喝杯牛奶，但是你不确定冰箱里的牛奶是否已经过期，所以你先闻了闻，奶好像是坏了。你的胃里感到一阵翻动，你吐了！你觉得厌恶。厌恶像其他情绪一样，帮助你做出决定。你立刻反应，决定不能再喝这杯牛奶了。这样说来，厌恶能保护你，让你避免饮用或食用任何坏了或者污染过的食品。这可能是为什么这种情绪伴随我们的原因。

厌恶的感觉也许可以帮你理解大脑的评估系统——一种估计某种情形，从而激发相应的情绪反应的机制。比如，如果你总也忘不掉那个坏牛奶的味道，大脑就会决定你应该远离一切牛奶。以后，任何想喝牛奶的想法，即便是品质还好的牛奶，都会让你觉得恶心。所以说，体会你的情绪，判断大脑是否做出了正确的反应是很重要的。

从最基本的层面来说，厌恶，是一种对于那些品尝起来或闻上去不好的东西产生的排斥反应。但是这个定义并不永远合适。人们也会对与腐烂食物毫不相关的事情感到厌恶。

我向碗里倒了一些以前没吃完的麦片，结果里面全是虫子。我差点儿吐出来，我快被恶心死了。
——史蒂文

其他引起厌恶的东西

科学家们发现，人们会对不熟悉的食物，或者因为食物的质地、产地和曾经接触过这些食物的人等产生厌恶的反应。你也许喜欢吃泡菜，但是你的朋友可能会认为它很恶心。你喜欢的另一种食物，也许会让你的朋友觉得恶心，仅仅因为他对它并不熟悉。发现黄油里有只虫子可能让你反感，而你的兄弟姐妹却一点儿反应也没有。

其他可能产生厌恶的情况包括：闻到别人身上的味道；看到或者闻到别人的排泄物（比如在卫生间里，发现别人使用完以后没有冲水）；看到某个死了的或者重伤的人或动物。

心理学笔记

气味影响你的喜好

研究者们想知道气味会在多大程度上影响我们对某个人、某个地方或某种食物的喜爱。他们研究了人们对特定气味，以及那些用来掩盖气味的产品（古龙水和其他的香水）的反应。结果发现对于某种气味的记忆，的确会影响人们对某人、某地或某种食物的喜爱。举个例子，如果你很喜欢阿姨做的肉桂面包的气味，你则可能会很喜欢有类似气味的地方或者食物。但是香水类产品不一定会让你更喜欢一个人：你也许喜欢古龙水或某种香水的气味，但你不一定会喜欢使用它的人。关于喜欢的某种气味的情绪记忆，在这里有很关键的作用。但是使用这些产品，也不一定会让别人喜欢你更多。

Wrzesniewski, A., McCauley, C., & Rozin, P. (1999). Odor and affect: Individual differences in the impact of odor on liking for places, things, and people. Chemical Senses, 24, 713 - 721.

精神厌恶

当你认为某人做了违背道德方面的坏事情时（比如伤害了比他年龄或个头小很多的人），你也会在精神上产生厌恶的感觉。这种感觉让你想要远离那个人，因为他不好、有伤害性、不值得信任或者不公正。不同文化的价值观不同，这也会对人们是否产生精神厌恶造成影响。当你跟一个作弊的人比赛，当朋友偷窃你的东西时，你都会感觉精神上的厌恶。如果你对一个人感到精神厌恶，你会通过远离他来保护自己。

你在精神上厌恶过自己吗？有内疚或羞愧的感觉时，你往往也会在精神上厌恶自己。比方说，你背叛了一个朋友，可能会感到内疚或羞愧，同时非常厌恶自己。既然留意自己的情绪反应是一种学习，想想你可以做什么去挽救局面，或者下一次你应该怎么做。

幽默和厌恶

一些特别可笑的情形是同某些令人惊讶的或出乎意料的事情有关系的，但同时也可能伴随着厌恶。这些情形通常只是在你有同伴或者事后转述给他人的时候，才令人感到非常可笑。踩到狗狗便便时，你会感到惊讶和厌恶，但如果这时你和朋友在一起，事情就可能会变得非常欢闹。如果是你自己单独经历，这种惊讶和厌恶可不会让人觉得有多么好玩。

你很容易感到厌恶吗?

就下列情形给自己打分,一点也不恶心记1分,太恶心了记5分。

___ 你弟弟头上长了虱子。

___ 你爸爸让你捡起从玻璃缸里跳出来的鱼。

___ 一个生病的孩子在你面前呕吐,一些呕吐物溅到了你的鞋子上。

___ 你发现一块嚼过的口香糖粘在你的桌子下面。

___ 你的猫抓来了一只活着的老鼠。

___ 教室里坐在你旁边的人放屁了。

___ 你的朋友5天没有换袜子了。

___ 总分

你的得分是什么?

30~40分:你很容易感到厌恶。这没问题,很多人都这样。

24~29分:大多数事情不会让你感到厌恶。但当你感到厌恶时,
通常事情已经让人无法忍受了。

低于23分: 没有太多事情让你觉得厌恶!

当你感到十分厌恶的时候，该怎么做？

当厌恶严重影响你的感觉时，它一定会让你情绪消极（除非让你厌恶的事情是可笑的，你在跟朋友分享）。当你感到厌恶时，你可以做的事情有以下这些。

◆ 转移自己的注意力。如果你老想着那件事，你的身体很可能会做出非常排斥的反应（比如没法呼吸或呕吐）。让自己分分心、同别人聊聊天、听听音乐，或想些愉快的事情。

◆ 微笑。因为厌恶会影响面部表情，所以，改变表情也会影响到你的厌恶反应。

◆ 换位思考。如果你厌恶一个人，试着为他感到遗憾，而不是一味地去讨厌他。

◆ 捂住鼻子。当你讨厌一种气味时，用手捂住鼻子，直到你适应。用嘴巴呼气也会有些帮助。

◆ 做个"科学家"。当你看到了什么恶心的东西，试着在你的脑海里创建一个科学的解释：这是很恶心，但它是大自然的一部分。

厌恶让你想要远离使你产生讨厌、不喜欢或憎恶的感觉的事物。作为人的情绪的一部分，厌恶可以保护你，不去食用变质的或者污染了的食物。精神上的厌恶让你想远离那些行为上冒犯你的人。但是很多伴随着惊讶的可笑的场景，也会带来厌恶。享受情绪带来的乐趣吧！

使你感觉受到威胁的情绪，其实是一种让大脑通知你警觉起来，准备好采取行动的方式。你应该利用这些强烈的感觉，提醒自己注意安全。下一章里我们会谈论让你感到沉重和沮丧的情绪，这些情绪与能让你保持警觉的恐吓情绪不同。

心情思考

◆ 什么使你焦虑？你通常会做什么让自己回归平静？

◆ 你喜欢感受看恐怖电视或电影带来的刺激吗？如果是，第二天你试图回想其他事情的时候，会不会仍然想起它们？

◆ 有没有人让你觉得厌恶？如果你为他感到遗憾，你的反应会不会不一样？

第四部分

感到悲观

被排斥 * 失落 * 失望 * 有负担

被忽视 * 无法摆脱 * 不开心

自惭形秽 * 沮丧 * 沉重 * 可悲

悲哀 * 忧郁 * 郁闷 * 心碎

悲观时，你也许会把自己的感觉描述为沉重，好像肩上或胸中压了块大石头。你可能还会感到疲惫，好像一点精力也没有。悲观的情绪有：孤独、难过、悲伤。

孤独、难过、悲伤都能让你感觉沉重，它们好像很相似。区别主要在于引起这些情绪的原因。我们会在下面的章节里谈到这些。

孤独时，你感觉被隔离，好像没有朋友能理解你。所有的事情在你看来都没有意义。难过时，似乎所有事情都很暗淡、沉闷，你觉得忧伤、难受，会为某件事情感到遗憾。悲伤是一种非常难过的情绪，因为你失去了对你来说很重要的人或者事物。

你会希望能够躲开悲观的感觉，希望自己不去理它，它就能够自行消失。可是孤独、难过、悲伤的情绪是很难被忽略的，经历它们也是很正常的事情。理解这些情绪和它们带来的强烈的感觉，可以帮你找到更好的方法应对它们。

第十章

孤独

孤独时，你感觉与外界是分离的，你感觉自己被遗忘，跟他人有距离。孤独会使你觉得身边少了什么，内心感觉难过、空虚。你真的很想有人做伴，希望有懂你、喜欢你的人陪在身边。有时候，你有朋友，但你并不觉得跟他们很亲近，这时你也会感到孤独。

孤独感好像永远也不会消失。你甚至可能感觉自己不被需要、不被重视。因为同朋友们有连接时，你会自我感觉更好一些。

独处和孤独

有时候，你希望能够自己一个人待着。但是独处和孤独是非常不同的。人们会选择独处，但是也许没有人希望选择孤独。你想自己待着，这可能是因为你需要休息、需要思考，或者做一些创新的事情。但是孤独让你渴望与他人有连接。

> 我从另一个州搬来，离开了我原来的朋友们。我真的好孤独。
> ——马可

当友情让你感到孤独时

你也许会认为，任何有很多朋友的人都不可能感到孤独，但事实并非如此。研究人员发现有些孩子看上去好像身边都是朋友，但他们之间的关系却令人烦恼失望，这让他们不开心。因为社会关系而产生的压力也会让你感到孤独，尽管从表面看来，没人认为会是这样。所以，孤独不仅仅是有没有朋友的问题。它跟你如何看待自己所处的关系也有关。如果尽管你有很多朋友，你仍感到孤独，感到与他人没有连接，退一步好好想想你该如何才能从情感上与他们建立连接，或者去同能够更好地连接你的人建立新的友谊。

Parker, J. G., & Asher, S. R. (1993). Friendship and friendship quality in middle childhood: Links with peer group acceptance and feelings of loneliness and social dissatisfaction. Developmental Psychology, 29, 611-621; and Davis, M. H., & Franzoi, S. L. (1986). Adolescent loneliness, self-disclosure, and private self-consciousness: A longitudinal investigation. Journal of Personality and Social Psychology, 51, 595-608.

独处是平和的、安静的，当你在群体中感到不安时，独处会让你觉得解脱。

对有些人来说，独处是很困难的事。没有朋友的陪伴可能使他们感觉焦虑，认为自己必须经常跟朋友们在一起，才不会失去他们，或者变得孤独。因为担心自己变得与世隔绝或者孤独而引起的焦虑，同真正的情绪上的孤独还是不一样的。但是如果你对与他人连接有巨大的需求（因为如果不那样你就会非常不舒服），那么你需要跟别人待在一起，以避免自己对于孤独的焦虑。在这种情况下，检视自己的焦虑从何而来很重要。例如，你感觉他人会离开你，因为你过去的经历会把大脑引导到这样一种假设上来。

孤独的时候你该怎么办

孤独是一种很难忍受的情绪。你感觉跟整个世界都失去了连接，而且好像无法逃脱这种感觉。你可以这样做，让自己摆脱孤独。

◆ 介绍自己，展现自己：同他人分享自己的想法和感情，与他们保持联系，这能让你远离孤独。如果你同另一个人有连接，你会感觉你们的关系有非常好的支持作用，感觉自己被理解。

◆ 走出去。态度友好、微笑、与他人有眼神接触，这样你就更有可能与他人建立连接。给你认识的人打电话或发短信，邀请他们。即使他们不能来，至少他们也会知道你想跟他们建立友谊。

◆ 加入俱乐部或组织，参加他们的活动。有共同目标的人经常会成为朋友。

◆ 同家人建立连接。与家庭成员有连接会让你更有安全感。当你与同龄人建立重要的友情关系时，与家人的连接可以帮你减少维持这些关系的压力。

孤独是一种让人感到被隔绝、感到内心空虚，渴望接近他人的情绪。人们一般认为孤独是因为没有朋友，但是，在群体中感觉不被理解、情感上没有连接的时候，你也会感到孤独。孤独当然让人不安、沉重。

难过也会让你感觉孤独。下一章里我们会讨论到这部分内容。

孤独的时候你会走出去吗？

孤独的时候，你会做什么？用**是**或**不是**回答下列问题：

是 不是

__ __ 当感觉孤独的时候，我会给认识的人打电话。

__ __ 如果我搬家了，在新的地方不认识任何人，我可能会做一名志愿者，去主动帮助别人或者救助小动物。

__ __ 我相信其他孩子也会感到孤独。这时如果我试图跟他们建立连接，会使他们开心起来。

__ __ 孤独的时候，我会去外面转转或找其他人玩，而不是待在家里。

__ __ 我会试着把自己介绍给别人，或者至少保持微笑——尽管这样做很难。

__ __ 搬家后，我会告诉其他的孩子我是个新人。

__ __ 总计

你的得分如何？

如果你回答了4个或以上的"是"，孤独的时候，你会尽力去与他人建立连接。

如果你回答了3个或以下的"是"，你也许会等待别人来关心你。但是孤独的时候，你自己才是最应该采取行动的那个人。

第十一章

难过

经历失去或失望时，你可能会产生难过的情绪反应。最好的朋友搬家离开时，你一整年都在盼望的假期被取消时，或者被真心喜欢的那个人拒绝时，你都可能感到难过。当真的有伤害你的或令你失望的事情发生时，你会难过，因为你真的在乎。看上去你很无助，不知道可以做些什么。

感到难过

难过有时会被描述成让你心情沉重的那种感觉。因为难过时，你胸口会觉得被什么重东西堵住了，泪水充满了你的内心。难过带来的悲观感觉使你觉得疲惫，对平时能让你开心的事情也没了兴趣。难过时，你也许要十分努力，才能完成需要完成的任务。有些人难过的时候会感到尴尬，因为他们认为这意味着他们的脆弱。难过会让你感觉有些无助、无力，但是对生命中的一些事情，你的情绪反应应该就是感到难过的。

作为一种情绪，很难理解难过是为了一种什么目的存在的。一些心理学家认为难过是对某事感到有压力时的情绪反应，它带来的疲惫感能够帮助你恢复，因为你会让自己去休息，或去寻找自己需要的情感支持。

我们家计划了一次特殊的旅行，但是因为一些事情我们去不了了。虽然我尽力去理解，可我还是觉得很难过。
——希瑟

我不喜欢难过的感觉。难过的时候我希望一个人待在房间里。
——朱尼尔

我朋友真的很难过，因为女朋友跟他分手了。
——杰登

你有没有遇到过感觉自己需要振奋起来的情形？有时候最好不要显露你的难过——比如，你最好的朋友要搬走了，但是你身旁有个新人希望成为你最好的朋友。但是如果你总是隐藏自己的难过，你可能就得不到需要的帮助和同情，甚至你自己也帮不了自己。如果家庭成员或者朋友注意到你的难过，安慰你，你跟他们的这种连接就会让你感到解脱。其他人也会让你感觉好起来，因为"同他人有连接"可以带走难过带来的孤独感。

在难过的场景里不感到伤心

当你应该表现得伤心但却没有时，你会怎样表现？可能你会用其他的情绪，比如愤怒，去掩盖自己的伤心。当你感觉伤心令你不舒服时，你可能会生气，变得易怒。这会使你和身边的人感到困惑。

哭泣可能会令人感到困惑

当人们体会到强烈的情绪（比如伤心）时，他们往往会哭泣。然而，还有很多种情形，哭泣可能是由于伤心以外的其他情绪。你有可能变得愤怒或者困惑，但是如果你认为在当时表达这些情绪是不可接受的，你会转而哭泣。然后你可能又会因为哭泣而感到尴尬和被误解，因为你表达了一种跟你的真实感觉并不相符的情绪。另一方面，也许有一种情形引发伤心，让你觉得想哭但又不适合哭，于是你可能表达另一种情绪，比如愤怒。

> 爸爸妈妈离婚的时候，我伤心极了。但我不想哭，因为我不想让自己看起来很懦弱。还有我的朋友们，他们找借口不跟我玩，也不告诉我为什么。我压抑自己的感情，但实际上非常悲观，也很生气。
>
> ——莉莲

在想哭的时候，有些人就是无法阻止自己，另一些人却非常有毅力，能控制自己的眼泪。哭泣表达了你内心那些可能并不想让他人知道的感受。你觉得因为强烈的情绪而哭泣是可以接受的吗？

有些男孩被教导要坚强，要隐藏自己的敏感。不幸的是，这可能会让他们认为哭泣代表着软弱、无能，或者他们可能想要表现得坚强，仿佛自己不会受到感情上的伤害。还记得我们说过，感情的表达也取决于不同的文化背景吗？哭泣也是。在有些文化里，女孩子哭泣是可以接受的，男孩子却要学会忍住自己的眼泪。

当一个人哭泣的时候，你是否会冷落他？

也许你会认为，男孩哭泣同女孩哭泣一样，是可以接受的。但是尽管你知道，有些事情逻辑上是正确的——任何人当然都可以哭泣——你的态度也会随情况的不同而不同。用**是**或**不是**回答下列问题：

是　不是

__　__　当女孩提出分手的时候，男孩忍住不哭，这对他的健康有好处。

__　__　看到妈妈哭比看到爸爸哭，对我来说更容易接受一些。

__　__　男人们的哭会使他们渐渐失去我的尊重。

__　__　大多数男孩只会在生气、困惑或者身体受伤时才会想哭。

__　__　女孩哭的时候，我会去抱抱她。但我可能不会去抱一个哭泣的男孩。

__　__　小学里如果一个男生总是哭，我心里可能会认为他是个"爱哭的男孩"。

__　__　总计

你的得分如何？

如果你回答了3个或以上的"是"，你可能会认为男孩不应该哭泣，这让他显得脆弱。如果是这样，你认为是什么导致你产生这种想法？

难过和沮丧

难过和沮丧不同，尽管人们常用这两个词来描述伤心的感觉。同难过不同，沮丧是一种长时间持续的情绪，有可能并不因为任何具体的事情而触发。沮丧是一种长时间的难过。如果难过阻碍你寻找生命中的快乐，或让你觉得难以控制，找父母谈谈。他们能帮你安排专业的心理咨询，这可以帮你走出困境。

从难过中走出来，继续你的生活

如果你因某事伤心，想摆脱出来，继续原来的生活，你可以：

- ◆ 回想你的伤心。花点儿时间认识你的情绪，搞清楚原因。想象你的大脑正试图让你专注于自己的感觉，这样你才会接受它，并最终放下它。
- ◆ 把注意力集中在其他活动上。清理房间、踢足球、做作业，让自己忙碌起来。如果你又要开始感觉难过，把自己拉回来，告诉自己以后你会找时间好好想想你的感觉。
- ◆ 与他人建立连接。同父母或好朋友谈谈你的感觉。跟朋友和家人在一起，可以帮助你摆脱难过的情绪。

经历失去或失望时，你可能会感到难过。跟他人分享自己的感觉可以带走你的孤独。强烈的难过往往伴随着悲伤，另一种让你悲观的情绪。

你会感到既开心又伤心吗？

　　学者们曾做过研究，了解不同的情绪是否会同时出现。他们发现，很多种情况下，人们会同时感觉到两种情绪。想象你小学毕业，即将开始中学生活。你可能会因为离开了老师同学感到难过，也会因为要进入新的学校感到开心和兴奋。这听起来好像很奇怪，你竟然可以同时感受两种情绪！

Larsen, J. T., McGraw, A. P., & Cacioppo, J. T. (2001). Can people feel happy and sad at the same time? Journal of Personality and Social Psychology, 81, 684-696.

第十二章

悲伤

悲伤是一种很强烈的难过，当你失去一个很爱的人或一件非常珍视的物品时，你会有悲伤的情绪反应。如果你爱的人去世了，你可能会度过一段很艰难的时光。你希望在那个人以前出现过的地方再看到他。你希望能跟他再在一起，然后你却意识到这已经不可能了。失去了你所爱的人，你希望他能回来的渴望会让你想象一些事情，如听到某种特定的声音，你认为那个人仿佛还在那里。但是强烈的伤心的感觉会提醒你事实是什么。这种悲伤的反应是正常的，可以理解的，因为你正为自己所失去的努力地做调整。

爷爷两周前去世了，我无法接受这个事实。我总是想着他，无法做其他的事情。
——胡安

感到悲伤

悲伤让你感觉沉重、空虚、疲惫。即使是发生了开心的事情，你可能依然感到难过。悲伤的时候，你发现自己很难集中精力做事情。你甚至觉得最喜欢的食物和活动都不能令你提起任何兴趣。你可能会生气、易怒，尽管你以前并不这样。

极度的悲伤可能会让你变得麻木。当你应该感受到很多的时候，你却什么感觉也没有，这会让人很困惑。有些人可能会因为自己对难过的事情只是感到很麻木而内疚。但是，在这种情况下，感到麻木很正常，当你不再为所失去的而如此悲痛时，其他的感受会重新回来。

适应失去

悲痛的时间就是你渐渐接受自己的失去的时间。这个过程通常包括：回想和面对事实、表达情感、重新积极面对生活。然而，悲伤持续一生也是正常的，它会一直存在于你的脑海里，但是不再影响你的日常生活。所以你认为自己已经"克服"了失去，是不准确的，因为你无法抹去自己的情绪记忆。比如，你到了某个地方，它提醒你想起你怀念的那个人，悲伤会被再次勾起。特别的日子也会提醒你，比如那个人的生日或他去世的日子。你要寻找办法安慰自己，分散注意力，或者去创造新的回忆。

但你不会完全忘记，完全忘记也是不可能的。而且，不需要完全忘记。你应该接受、适应，继续自己的生活。当悲伤的记忆重新回来的时候，接受自己难过的感觉。

如何处理自己的悲伤？

想象你失去了生命中很特别的一个人。用**是**或**不是**回答下列问题：

是　不是

__　__　我会准备一个笔记本，保留那些跟他在一起时的记忆。

__　__　我会回想他的好品质，自己也努力做到那样。

__　__　我会用一个特别的盒子，把提醒我想起他的物品都收纳起来。

__　__　我会在失去他或他生日那天做些特别的事情。

__　__　我会为他祈祷。

__　__　如果我想哭，我不会忍着。

__　__　我会向认识或者不认识他的人说起他。

__　__　无论何时想起了那些美好的、开心的事情，我都会微笑。

__　__　我不会拒绝自己想起他。

__　__　总计

你的得分是什么？

如果你回答了5个或以上的"是"，你是有办法处理自己的情绪的。

如果你回答了5个或以上的"不是"，或者你想学习更多的办法处理自己的情绪，读读下一段内容，了解一下，当失去所爱的人时，你该怎么做。

当失去所爱的人时，你该怎么做

　　失去了你爱的人，你最希望时光能倒流，回到你们在一起的那些日子里去。明白那是不可能的，这让你感觉很无助。你可以做些事情帮助自己度过这段艰难的时间（还有将来那些你重新回想起这些的时间）。这些事情会让你想起那个失去的人，而不是想要去忘记，想要去避开自己的回忆。

- ◆ 记住你从他那里学到了什么。

- ◆ 做一些你喜欢跟他一起做的事情，让自己也喜欢他喜欢的一些事情。

- ◆ 做一个盒子或夹子，存放那些提醒你想起他的东西。画一张画、写一个故事，或记录某段特别的回忆。

- ◆ 在房间里找个地方，存放那些提醒你想起他的东西。

- ◆ 想哭就哭吧。让他人知道你需要安慰。

- ◆ 跟你信任的成年人谈心，告诉他你的悲伤，你正在度过一段非常艰难的时间。有时候，仅仅是谈论自己的感觉，就会让你觉得好受一些。

- ◆ 如果悲伤的感觉在多年以后重新回来，不要惊讶和担心。特定的地点、时间，或者假期，都有可能重新激发这种情绪反应。

失去宠物的伤痛

　　研究人员表示，在孩子们的世界里，失去一个宠物，有可能与失去一个亲人产生同样多的悲伤。孩子们能够跟他们的宠物建立非常亲密的连接。宠物带来了爱和忠诚，它们永远在你身边，包括那些很艰难的时间。你也许能猜到，研究人员的结论是：你跟宠物的感情越深，它去世后，你感觉到的失去就越严重。但是他们也强调，分享自己的感觉是很重要的，同失去亲人的感觉相比，很多人倾向于忽略失去宠物的感觉。如果你的宠物去世了，让家人和朋友们知道，你需要他们的帮助。

Brown, B. H., Richards, H. C., & Wilson, C. A. (1996). Pet bonding and pet bereavement among adolescents. Journal of Counseling & Development, 74, 505-510.

如果你的宠物去世了

　　宠物去世的时候，你的感觉可能会跟失去亲人时一样，因为宠物就像家庭成员一样。人们可能会说：你可以养另外一只宠物——他们这样做试图让你感觉好起来，但这并没有帮助。尽管你也会爱另外一只宠物，你还是会意识到你失去的那一只是特别的，永远不能被取代的。

> 我的小猫死了，
> 我伤心了一个月。
> ——阿迪纳

孤独、难过、悲伤让你感觉沉重、疲惫、沮丧。孤独让你觉得空虚，难过让你觉得无助，悲伤让你觉得特别难过。希望你能够用后面这几章中的技巧处理这些情绪以及它们带来的感觉。当生活不如意时，寻找开心积极的感觉很重要。下面的章节里，我们会谈到一些兴高采烈的感觉，它们同积极的情绪有关。

心情思考

- 你会给一个刚到新的学校、不认识任何人的孩子什么样的建议？你会主动去接触班级里的新同学吗？

- 难过的时候，你会让别人知道吗？你有没有发现，难过时，自己会拒绝做平时自己喜欢做的事情？

- 你有没有失去过生命中很重要的人或事物——比如亲人或者宠物？从跟他们的那段关系里，你学到了什么？

第五部分

感到兴高采烈

忘乎所以 * 兴奋 * 高兴 * 乐观

疯狂 * 开朗 * 快乐 * 热情

积极 * 活力四射 * 极乐 * 陶醉

欣喜若狂 * 亢奋 * 充满希望

有一些情绪是非常积极的。兴高采烈的情绪，比如兴奋、欢乐、幸福、迷恋、爱，它们使你感到轻松、有活力、乐观。让你感觉非常快乐的、将你同他人积极地连接在一起、给你的生命带来意义的经历会激发这些情绪。

注意哪些经历能够带给你积极的情绪是非常重要的。积极的情绪可以振作你的精神，或者赶走你的坏心情。它们能在很大程度上影响你与身边的人互动的方式，让你仅仅因为自己的感觉而变得更加开放和友好。积极的情绪带来的感觉可以给你提供动力，让完成任务变得更加简单，帮助你度过艰难的时光。

第十三章

兴奋、欢乐和幸福

你意识到自己赢得了一场比赛，或者最好的朋友最终不会搬走了——让你感觉非常快乐的、将你与他人积极地连接在一起、给你的生命带来意义的经历，会激发兴奋、欢乐和幸福的情绪。所以，当你取得了一项成就、接到新朋友的电话、与自己喜欢的人在一起、得到了自己想要的东西、帮助了他人、同朋友或家人一起大笑的时候，你会体验到它们。

感到欢乐、兴奋和幸福

欢乐、兴奋和幸福的时候，你会感觉自己充满活力，变得乐观积极，对以后的生活充满希望。你会微笑，会大笑，会感觉轻松愉快。

微笑使你感觉更幸福

我们都知道，情绪会影响面部表情，例如感到幸福的时候你会微笑。同时，面部表情也能让你体验到情绪。研究人员发现，如果你做了一个类似表达某种特定情绪的表情，很有可能你就会感觉到那种情绪。所以，如果你想感到幸福，尤其是当你情绪不高时，就让自己面带微笑吧。

Ekman, P. (1993). Facial expression and emotion. American Psychologist, 48 , 384 - 392 .

用乐观创造幸福

取得了好的成绩、愿望成真、获得了另一个人的关注——你不用专门等到这些事情发生才感到幸福。尽管这需要练习，但是你可以学着更加乐观、积极和开心。在紧张、有压力的时候，找到让自己感觉良好、精神振作的方法是很重要的。

想想幸福的事情

感觉幸福，往往与你自己的想法有关。发现事情乐观的一面可以帮你感觉更好。比如，两个经历相同情形的人，一个会去试图寻找事情积极的一面，而另一个则总是注意到那些消极的方面。谁的感觉会更好一些呢？

什么让你感到幸福？

用是或不是回答下列问题：

是 不是

—　— 如果今年能重来一遍，很多事情我会重新选择。

—　— 如果拥有更多的东西（比如衣物、电脑），我会感到更幸福。

—　— 富裕的人可能会更幸福。

—　— 如果能更多地跟朋友们在一起，我会感到更幸福。

—　— 如果我家住在另一个地方，我会感到更幸福。

—　— 我想如果我看起来跟现在不同，我会更幸福。

—　— 天气寒冷或下雨的时候，我不开心。

—　— 总计

你的得分是什么？

如果你回答了5个或以上的"不是"，你对自己现在拥有的生活感到幸福。你不会专门等待着某些事情的发生或改变，才让自己感觉幸福。

如果你回答了5个或以上的"是"，你可能在等待外界的某些事物让自己变得幸福。花时间想想，你现在能做些什么，使自己幸福。

调整自己的想法，更加积极地思考，这是你可以培养的一种习惯。感觉挫败、失望、困惑时，想想你可以从上面的情形中学到些什么？给自己机会，尽量尝试去做到最好。大多数经历，都很有可能让你重新尝试。所以，当事情进展不顺利的时候，想想你学到的，想想下次自己可以怎么做，可以如何改善。

当幸福感变成消极的感觉

你当然希望事情是乐观的，想象它会有幸福的结局。然而有时候，某种情形可能会提醒你过去经历的、结局并不太好的类似事件。比如，已经连续两个周末了，你最亲密的堂兄计划来你

心理学笔记

你想不想变得更幸福？

留意每天生活中给你带来积极感觉的那些时刻：暖暖地晒晒太阳，和朋友一起大笑，观看一场喜剧电影。研究人员发现留意这些的人能够更好地迎接挑战、管理压力。不必否认消极的事情会发生，但是记住，留意这些让你感觉兴奋、欢乐、幸福和感恩的时刻，很有可能提升你的心情，帮助你面对挫折。

Cohn, M. A., Fredrickson, B. L., Brown, S. L., Mikels, J. A., & Conway, A. M. (2009). Happiness unpacked: Positive emotions increase life satisfaction by building resilience. Emotion, 9, 361-368.

家做客，但每次你姨妈都必须去工作，不能带他来。他计划下周再来，但你已经不再期待了。你的评估系统认为事情可能还会是同样的结局。所以，你已经准备好感到失望而不是兴奋了。正是在类似这样的情形中，你需要意识到，大脑的评估是在试图让你对另一次可能的失望提高警惕，这并不意味着你一定会失望。所以，尽量找回自己开心兴奋的感觉吧。

对于好的事情变得如此紧张，看起来好像很没有必要，但却时常如此。如果你真的因为什么事感到兴奋，你也许会担心自己会搞砸，或者直觉自己不配享受，结果便是你反而焦虑起来。比如，因为要和喜欢的人去跳舞，你的确很兴奋，但又担心到时会做一些让自己尴尬的事情。

兴奋或欢乐的时候感到焦虑是很正常的。但是不要让过多的担心赶走了幸福。学着享受美好的感觉，不要让消极的想法驱逐了它。消极或担心会毁了你的好心情。

学校将举办一场舞会。我邀请那个男孩一起跳舞，他同意了！我太幸福了。但当我打电话叫他的时候，我变得非常紧张，我担心自己可能在他面前绊倒或者摔跤。
——爱斯莫拉达

如果你发觉幸福感正变成消极的感觉，你可以：
- 提醒自己享受那些美好的感觉。记住，你值得感到开心和兴奋！不停地这样提醒自己，把消极的想法赶走。
- 注意那些引起你担忧的事情，考虑该如何处理它们。

◆ 想象可能发生的最坏的情况。通常你会发现，它发生的可能性实际上非常小。

◆ 如果你还是担心，计划好当事情进展不顺利的时候，你该如何去做。

生命中那些愉快的、有意义的经历会激发兴奋、欢乐和幸福的情绪。爱或迷恋某人会不会让你感到幸福？你肯定已经知道答案了！但是，下一章里讨论的关于爱和迷恋的一些内容，可能是你不知道的。

第十四章

爱和迷恋

很难定义什么是爱，因为这个词被使用在很多不同的情况下。你可以用它描述你对家人、朋友、你喜欢的人、你的宠物鹦鹉或者巧克力蛋糕的感觉。所以这个词的精确定义可能要取决于你为什么而使用它。科学家们仍在研究，试图搞明白爱到底是一种情绪、一些情绪的组合、一种态度、一种习得行为，还是一种与生俱来的，能够把我们跟他人联系在一起的能力。

接近青春期时，你可能会体会到迷恋的感觉——对另一个人非常感兴趣、为他（她）着迷、头脑完全被他（她）所占据。迷恋（对某人有好感，或真的喜欢某人），被人们描述为一种爱的感觉——那种你总是在想着一个人，也希望那个人能对你有同样感受的感觉。那么，迷恋和爱区别在哪里呢？

感受爱和迷恋

恋爱中的人会被另一个人强烈地吸引，也会非常关心那个人。通常，恋爱是对你了解的人珍爱、温柔、关切（像你对奶奶和朋友那样）。爱包括关心他人、被吸引，以及那种把我们同他人连接起来的温暖的感觉。

与爱相反，迷恋仅仅是表面地浅层次地被另一个人所吸引，比如他的外表。你的感觉通常是暂时的，尽管当时你可能认为它会永远持续下去。当人们有迷恋的感觉的时候，他们会说自己"恋爱"了，其实他们只是打了个比方。人们通常认为的爱，比迷恋更深一个层次。

迷恋是令人兴奋的。它们提升你的心情，让你感觉幸福、积极，仿佛在空中漫步，没有什么会让你觉得糟糕。当你看见喜欢的人，你会感觉心花怒放，因为迷恋使你感到焦虑和兴奋。迷恋一个人的时候，你会花很多时间幻想和期待某些事情的发生，比如看见他（她）、同他（她）说话、搞清楚他（她）对你是不是也有同样感觉。

迷恋和爱不总是理智的。迷恋会让你把某人想象得完美。如果你对一个人并不是太了解，你们在一起的时间不长，你就会把

什么使你感觉某些人有吸引力？

　　研究人员发现，脑海深处的记忆可以解释为什么你会对某些人（而不是别人）产生爱或者迷恋的感觉。这种记忆被称为"内隐记忆"，也就是说，它们是你意识不到的，尽管它们会影响你的选择。比如，如果你最喜欢吃奶酪通心粉——你爸爸做的那种——长大以后，你仍会对那种奶酪通心粉有种特殊的渴望。

　　关系形成的内隐记忆是类似的。你对照顾你的人的爱的感觉，可能同他们深印在你脑海里的特殊的行为方式或者个性特点有关。假设你的外公在你小时候照顾你，他总是对你唱歌，这让你感觉到被爱。很久以后，在你的生命里，你可能会被喜欢唱歌的人所吸引。这些使你被其他人吸引的特质，由印在你脑边缘系统——情绪中心——的记忆激发。难怪科学家会告诉我们爱和迷恋是非常复杂的！

Lewis, T., Amini, F., & Lannon, R. (2000). A general theory of love. New York, NY: Random House.

他（她）想象成你希望的样子。你也可能对一个想象中的人产生爱的感觉，这种爱会与你对某个熟识的人的爱一样强烈。这使得爱的感觉非常令人迷惑。

你迷恋别人吗?

想象你非常喜欢的那个人,用**是**或**不是**回答下列问题:

是 不是

_ _ 我不是太了解我喜欢的那个人,但是我喜欢他的样子,喜欢他与别人相处的方式(他很和蔼)。

_ _ 我希望能跟我喜欢的人见面,我每天都在想着这件事。

_ _ 在他身边,我会变得非常紧张,我会发抖。

_ _ 我喜欢的人看上去非常完美。

_ _ 每当思绪开始游荡的时候,我就想起喜欢的那个人。

_ _ 总计

你的得分是什么?

如果你回答了3个或以上的"是",要当心了!你可能在迷恋一个人。迷恋一个人并不需要做什么,仅仅是过多的想象和注意即可。别忘了所有的这些想象和注意都是属于你自己的!你会把想象的这些好品质用作其他目的吗?

迷恋和着迷

不论是在爱还是在迷恋，你都可能发现自己无法不去想那个人。当人们无法摆脱某些想法的时候，他们会持续地去想，心理学家称这些为"强迫症"。多数人偶尔会对某些事情着迷，因为这是头脑处理事情的方式：搞清楚一个问题，或者处理某种情形带来的感觉。如果你想着的都是那些兴奋的事情，着迷于你迷恋的人可能感觉不错。但当你想象的事不按照你的意愿发展时，你就会感到沮丧。

着迷于你所迷恋的人，这可能会以不同寻常的方式影响你。你可能满脑子都是关于他的想法，无法集中精力处理要做的事情，因为你宁愿想着他。你对朋友们喋喋不休，描述自己想象中的那些事情，总是希望那个人能注意到你，这会让他们感到厌烦。

发现自己因为迷上某人而无法集中精力做重要的事情，你也许希望能找到一种方法，平衡自己的生活。那么你可以：

◆ 创建一份计划。有了这份计划，你能够给自己分配时间：允许自己有只想着那个人的时间、集中精力于作业的时间以及考虑其他活动的时间。聚精会神于你需要做的事情，不断提醒自己你待一会儿会有时间想他。

今天的舞蹈课，我跟他跳舞了。我太开心了，都不想洗手了。

——塔玛拉

他送给我一份生日礼物。我觉得自己像在空中漫步。

——瓦乐瑞

◆ 记得去想关于自己的事情。你崇拜自己什么？其他人会崇拜你什么？考虑你可以如何提高，让自己更加崇拜自己。

◆ 确保你不是为了避免专注于自己需要专注的事情，而去迷恋一个人。有时候迷恋他人可能是一种逃避，让自己不去想那些不想去想的事情。

总的来说，爱是对某人或某事非常关心。迷恋经常感觉上像爱，但它是你对想象中的一个人产生的感觉。

下一部分是关于一些不太积极的情绪——急躁的情绪，比如愤怒、嫉妒和妒忌。

心情思考

◆ 什么使你感到幸福？你的幸福感经常取决于别人的行为吗？你会如何为自己创造幸福？

◆ 下一次开心地大笑时，留意自己美好的情绪。如何才能让你的生活有更多的笑声？

◆ 你认为自己是乐观的人，感觉未来总是积极的、充满希望的吗？为什么？

◆ 你迷恋过别人吗？那个人有什么样的品质吸引你？你是否希望自己也拥有那些品质？

第六部分

感到情绪激动和急躁

恼火 ∗ 恼怒 ∗ 心烦 ∗ 伤害

急躁 ∗ 沮丧 ∗ 激怒 ∗ 困扰

没人爱 ∗ 气馁 ∗ 忽视 ∗ 拒绝

挫败 ∗ 怨恨 ∗ 不满

愤怒、嫉妒和妒忌的情绪是非常强烈的，有如暴风骤雨。它们带来的感觉仿佛能够控制你的身体和思想。非常不好的是，你可能会深陷于对某人或某事的感觉和想法中。这些情绪通常会在与他人有关联的情形中体验到，尤其是你感到脆弱的时候。

激动和急躁的情绪使你感觉无法控制自己的言词和行为。实际上，你可能会为自己所说的和所做的，在事后感到非常后悔。这就是为什么感觉愤怒、嫉妒和妒忌时，保持清醒的头脑很重要。阅读这一部分的时候，记住情绪能够给你信息，帮助你保护自己。所以如果你有这些情绪，一定是有什么让你警觉的事情发生了。这时，了解自己，可以帮助你处理这些感觉，让自己不会被误解，让自己看上去不那么糟糕，或者伤害别人。

第十五章

愤怒

愤怒让你感觉怒火中烧，或者仿佛自己很强大，很有控制力。你的身体会紧张起来，你甚至可能觉得胃疼。愤怒可能会持续很久，或者隐藏起来，但当你被再次激怒时，会立即爆发出来。愤怒的情绪感觉如此强烈，赶走脑海里的消极想法可能会变得非常困难。愤怒的时候，你也许想自己单独待着，或者想去睡觉，以克服自己的那些想法。可是愤怒也会令你无法入睡。

在面对挫折、威胁和竞争时，你有可能变得愤怒。当事情的发展并非如你所愿，你无法接受某个结局时，愤怒说明你期望改变这种情形。有时候愤怒会掩盖其他的情绪。你可能实际上感到的是羞愧、伤心、内疚、恐惧或者妒忌，但是你表达出来的情绪却是愤怒。

我老是暴怒。
这令我、妈妈和
我的狗狗都感到害怕，
因为我总是会尖叫。
我说任何话都会变得非
常大声，比如我该
穿什么衣服。
——泰贝莎

有时候爸爸不认真
听我说话。他认为
自己永远是对的。
即使我证明了我是
对的，他也只是
命令我安静。
——琳赛

什么会令你愤怒？

很多东西会令你感到愤怒——某个情形、某个人、一个差劲儿的考试成绩。有时同伴说的话或者做的事情也会激怒你。别人嘲弄你、拿走你的物品、侵犯你的隐私，或者试图说服你去做不想做的事情时，你都会变得愤怒。很多人在受到伤害、被羞辱、拒绝、感到有压力或被误解的时候会愤怒（愤怒往往伴随其他情绪而来）。

有时候面对父母或成年人，你会感到挫败，尤其是当事情不能按你的想法继续，而你又无力改变的时候。好像没人考虑你的感受，或者大人就是不想去聆听和理解你，这时候你会感到愤怒。

愤怒的心情有时会让你感觉挫败、烦恼，你可能会迁怒于你的父母、兄弟姐妹。人们在家人面前更容易愤怒。对家人表达消极的感觉你可能会感到更加安全，因为你知道无论你怎样，无论你做什么，他们永远不会离你而去。

愤怒的表现

人们愤怒时会有各种表现。有些人习惯发泄自己的愤怒，用非常有侵略性的方式表达自己，好像必须把愤怒全部倾倒出来。

有的孩子选择压抑愤怒，因为他们会考虑自己表达愤怒的后果。但是有时愤怒是很难压抑的，它会以你不希望看到的方式爆发出来。从这个角度考虑，愤怒可能会引起内疚和羞愧。有些人愤怒时，言语和行为变得非常失控，他们可能会把自己的情绪发泄在别人身上，甚至有可能会对自己发泄。

> 我的愤怒仿佛会突然爆发，然后说些让自己后悔的话。
> ——莫瑞斯

显然，将愤怒发泄在自己身上与发泄在他人身上一样，都是非常有害的。你不应该让任何人，包括自己，承受你的愤怒情绪。但是压抑愤怒也很难，它可能会卡在那里，像个肿块堵在你的喉咙、胸部和胃里。你不用发泄所有的愤怒，不用伤害自己或他人，也不用压抑它。学习如何用语言表达自己的愤怒，让他人聆听你的感觉，这很重要。

最好的办法应该是表达愤怒，比如踢墙、撕纸、打枕头（可能有人已经告诉过你了）；还是控制愤怒，完全把愤怒憋在心里？科学家们研究了愤怒时人的情绪脑。他们发现，发泄愤怒可能会使人短暂地感到舒服，但是过后它会干扰你的情绪脑，让你无法平静。所以，发怒在短期内会让你感觉好些，但长期这样做一点儿也不利于你处理自己的情绪，不利于你继续做该做的事情。可是，完全把愤怒憋在心里也不是个好主意，因为你并没有将自己的感觉表达出来，最后你可能变得充满怨恨。让我们看看有没有什么办法，可以让你在可控的范围内表达自己的愤怒。

?!

愤怒使你被孤立吗？

愤怒会吓跑别人，让你跟别人有隔阂。用**很可能**或**不太可能**回答下列问题：

很可能 不太可能

__   __ 跟朋友或者兄弟姐妹玩游戏的时候，如果我输了，我会发脾气，甚至愤怒。

__   __ 我不会跟不同意我的观点的朋友继续说话。

__   __ 压抑愤怒会使我看起来很安静，或者反应迟钝。

__   __ 愤怒的时候，我宁愿独自去看电影，而不是跟家人一起去。

__   __ 愤怒的时候，家人和朋友都回避我。

__   __ 我会因为考试成绩而愤怒，无法在课堂上集中精力。

__   __ 如果有人使我愤怒，我的一整天都会被毁掉。

__   __ 总计

你的得分是什么？

如果你回答了4个或以上的"很可能"，你的愤怒可能已经使你与他人之间有隔阂了。想想看，有没有办法可以使自己换个角度看问题，比如说，不要太当真。考虑该怎样合适地表达自己的负面情绪，同时不至于被孤立。

如果你回答了5个或以上的"不太可能"，你的愤怒也许还没有在你和他人之间造成太大的隔阂。

处理愤怒的策略

下面是一些处理愤怒的策略：

◆ 先暂时远离自己的坏情绪，分散注意力，这样你就不会带着愤怒做决定。很多人发现深呼吸和运动能起到缓解情绪的作用。找到能够使你自己平静的方法，这可以帮助你搞清楚是什么引起了愤怒，该怎样更好地表达自己的感受。比如，问问自己是不是因为恐惧、无助、挫败、羞愧、压力、失望或者伤害，才感到愤怒的。

◆ 用"我"描述你感觉到的情况，而不是指责别人的错误。从描述自己的感觉和想法开始。所以，如果有人在午餐的队伍中推挤了你，说"我不喜欢被别人推搡"而不是"你这个笨蛋"。

◆ 寻找一个表达自己愤怒的安全的方式，或者用不伤害他人和其他事物的办法把这种情绪释放掉。记住，表达自己却不指责别人（包括你自己），这是完全有可能的。

◆ 永远不要用太大的声音或者讽刺的语气说话。愤怒的语调让对方不可能好好聆听，因为他们听到的都是你愤怒的情绪，而不是你想要表达的内容。

◆ 同父母、朋友、老师、心理治疗师，甚至你的宠物，聊聊你愤怒的感觉。

◆ 为自己辩护。你知道了愤怒是一种自我保护的反应，下次有人取笑你，记住你是因为被羞辱和伤害了才发怒的。深呼吸，试着保持平静。即使只是简单地表达你不喜欢被嘲笑，这样，至少大家注意的会是取笑你的人，而不是你愤怒的反应。

通常，愤怒是面对挫败或威胁，或是感觉自己受到了攻击时产生的反应。太过控制自己愤怒的情绪可能会使你无法与人正常沟通，或因此变得充满怨恨。但是如果一点儿也不控制的话，他人可能会误解你或远离你。

同愤怒一样，嫉妒和妒忌也是你感觉自己在竞争中受到了攻击，或认为自己需要保护的时候，产生的一种情绪。许多人认为嫉妒和妒忌是一样的，但其实两者有非常重要的区别，我们会在下一章里讨论这些内容。

报复令你愤怒的人会有所帮助吗？

当兄弟姐妹拿走了你的东西，好朋友拒绝了你，他们让你感受到的情绪，你可能会希望也让他们感受到。愤怒也许会让你想到或寻找方法报复——对令你愤怒的人以牙还牙。但是，报复真的能够让你感觉好起来，继续前行吗？心理学家们发现，总想着惩罚别人，或是真的惩罚他们，会让你持续注意自己的愤怒。所以想要报复或者实施报复，都会阻碍你继续前行。研究人员们还发现，不希望报复他人的人，会很少去想那些让他们愤怒的人，正因为这样，他们才能更好地继续自己的生活。下次你想报复别人的时候，记住其实你只是在伤害你自己。当不再去想那个令你愤怒的人，集中精力在别的事情上时，你也在把他们放在一个不重要的位置上。

Carlsmith, K. M., Wilson, T. D., & Gilbert, D. T. (2008). The paradoxical consequences of revenge. Journal of Personality and Social Psychology, 95, 1316-1324.

第十六章

嫉妒和妒忌

嫉妒和妒忌会让你内心感觉急躁，满脑子都是消极的想法，你可能会感觉受到威胁、不安全、被拒绝、自卑、失控、迷失自我。这两种情绪都与你跟他人的关系有关，但是它们又有很大的区别。

嫉妒

嫉妒，是你因别人的成功或他们拥有的东西而自卑时，感觉到的不舒服的情绪。嫉妒的时候，你不是去努力成功或提高自己，而是希望直接拥有别人拥有的，或者希望他们失去他们拥有的，使事情看上去公平一些。

嫉妒一个人时，你可能想贬低他，好像这样就可以使你自己看起来更好，并降低别人对那个人的看法。但这样是行不通的！这样只会让你更加嫉妒，自我感觉更不好（如感到自卑或者不够好）。嫉妒的时候，你可能拿自己与那个人做比较。我们无法知道他人的生活到底是什么样子，一个充满嫉妒的人其实只是在推测别人比他更好更幸福。所以，当你嫉妒一个人的时候，你实际上是在用一种奇怪的方式赞赏他。只是这种赞赏会伤害你，伤害你对自己的看法。

妒忌

妒忌是希望自己具备他人的品质、成功或者拥有的东西。妒忌时，你认为自己会因为某个人，失去或者已经失去另一个人的爱或由他带来的安全感。如果你有一些别人有可能想拥有的东西，比如友谊，或者一个你真心喜欢的人，想到别人可能因为对这个人来说变得更加重要，而将他从你身边夺走，你都会感到妒忌。所以通常，妒忌会伴随焦虑的情绪一起出现。

一些人可能会因友谊而产生妒忌，希望自己拥有朋友所有的专注和忠诚，否则，朋友就有可能喜欢别人，离开他们。但是如果你把一个人抓得太牢，他（她）会觉得被困其中，而不是安全，这可能会使他（她）想要寻找另一种不一样的关系。妒忌和它所带来的占有欲，实际上可能会直接带来你最不想看到的结果：它使别人想要远离你。

?!

你会感到嫉妒吗？

用是或不是回答下列问题：

是 不是

__ __ 我老是遇上不公平的事情。

__ __ 我经常发现自己希望拥有别人所拥有的。

__ __ 我觉得自己缺少他人拥有的重要品质。

__ __ 我经常贬低别人，尤其是当我偷偷地羡慕他们时。

__ __ 当我不能得到自己想要的东西时，别人好像总能得到他们想要的。

__ __ 我经常感觉自己"不如"别人。

__ __ 总计

你的得分是什么？

如果你回答了 4 个或以上的"是"，你可能正在感到嫉妒。这可能会影响你与他人的关系，也会影响你与自己的关系。仔细想想你羡慕别人的到底是什么？你自己该如何发展那些品质？想想你可以怎么提高，变成一个更好的自己。

你会感到妒忌吗？

用是或不是回答下列问题：

是 不是

— — 我想知道我的好朋友对我是否忠诚。

— — 如果我喜欢一个人，他注意别人的时候，我会感觉到不安全。

— — 我想，跟别的孩子比起来，我更不自信。

— — 和朋友或喜欢的人在一起时，我会贬低别人。

— — 看起来别人都能够保持他们的亲密关系，而我却不能。

— — 如果朋友不给我回电话，我就担心他（她）是不是不喜欢我了。

— — 总计

你的得分是什么？

如果你回答了4个或以上的"是"，你可能正在经历妒忌。你感到的不安全是因为你选择的人（他们不是特别忠诚），还是因为你的不安全感在把他们从自己身边推走？把注意力放在你自己的好品质上，想想你希望从一段关系中得到什么。

嫉妒和妒忌

　　有时候你会在一个情形中同时感到嫉妒和妒忌。比如，一个朋友妒忌你和你喜欢的人的关系。在这种情况下，他也许会嘲笑你，因为你有了新的兴趣，冷落了他，使他受到了伤害。他可能妒忌你喜欢的那个人，同时嫉妒你拥有了一段新的关系。（顺便说一下，在开始一段新的关系时，考虑一下朋友的感受，尤其是当你还想和他们做朋友时。）

　　自我怀疑、孤独、伤心或者愤怒，会伴随着嫉妒和妒忌而来。因为你感觉自己好像缺少什么东西，或者失去了别人的注意。是的，人们隐藏这些情绪，转而对他人充满怨恨，这是正常的。但是，这很危险，有可能越权。它们使别人想要离开你，让你彻底不开心，变得孤独。

嫉妒、妒忌和竞争

　　竞争时，孩子们都希望自己能赢，希望自己是最好的。很多人在充满竞争力的状态下表现得最好。每个人的竞争方式都不同。一些孩子想把任何事情都做到最好，并且因此很有压力。有时候，成为第一的需求可能会让一个孩子无法为别人的成功感到开心，包括他最好的朋友的成功！还有一些人会回避，甚至害怕

> 每次我谈到其他的好朋友的时候，我的一个朋友会说："我是你唯一的、最好的朋友。"一次，我的另一个朋友在我的活页簿上写了她自己的名字，并冠以"最好的朋友"，她看到很生气，并且叫我把那个朋友的名字划掉。
> ——纳迪亚

参加竞争。你不一定非要同别人竞争，你可以与自己竞争，努力做到最好的自己。

假设一个人想做到最好，但他又认为成功的机会有限，不能给所有人，那会发生什么？他可能会表现得非常刻薄，只担心自己无法得到想要的，或是会失去自己所拥有的。换句话说，他会去嫉妒和妒忌他认为的更成功的那些人。

在竞争中，人们可能会展现他们平时不太会展现的个性特点。你也许会发现自己在竞争中失控。如果这样，你需要退一步，看看自己想要什么，判定自己的行为是在帮助你实现这个目标，还是在妨碍你。你也需要现实地思考，你的目标是否值得让自己表现成这个样子。知道你在尽自己最大的努力，专注于自己而不是别人，这可以使嫉妒和妒忌不再来骚扰你。

嫉妒和妒忌的时候，该怎么办？

经历嫉妒和妒忌时，你可能需要思考这样几件事情：

◆ 你想拥有别人的什么样的品质？该如何使自己变成那样，而不是对别人充满怨恨？

◆ 考虑如何提升自己以获得更多的注意、更好的地位，或者他人的美慕。

◆ 留意自己的好品质。意识到你不必同他人竞争，只需同

嫉妒会让你变得"环保"

你可能已经注意到了，有的孩子会跟随那些受欢迎的孩子，模仿他们的行为、他们做的事情甚至是他们购买的衣服和物品。如果一个人有令你嫉妒的社会地位，你注意到他们购买环保产品——对我们的地球有好处的产品，比如可循环利用的午餐盒、用可再生材料做成的文件夹——你会不会也有可能变得更加环保？研究人员发现，为了拥有令人嫉妒的社会地位，人们更有可能在公共场合购买环保产品。所以，如果环保变成了一种社会地位的象征，嫉妒那些环保人士的人会更有意识地购买环保产品。

Griskevicius, V., Tybur, J. M., & Van den Bergh B. (2010). Going green to be seen: Status, reputation, and conspicuous conservation. Journal of Personality and Social Psychology, 98, 392-404.

自己竞争。

◆ 什么让你嫉妒或者妒忌？大脑可能会有反应，但是那个反应也许更多是基于过去的经验，而不是现实的状况。

嫉妒或妒忌时，你可能感觉受到了威胁、不安全。这两种情绪都同与他人的比较有关。你可能嫉妒一个拥有你想拥有的品质的人，或者当害怕自己在某段关系中会被另一个人取代时，产生妒忌。

心情思考

- ◆ 愤怒的时候，你会隐藏自己的感受还是会爆发？
- ◆ 你个性中的哪些品质可能会被人嫉妒？
- ◆ 你是否曾经感觉别人妒忌你？

继续了解你自己

你是否想过情绪到底有多么复杂？我希望，从这本书里学到的知识，能够帮助你更好地做决定，更好地采取行动，更轻松地实现自己的目标。

我也希望，你能更准确地理解他人的情绪，处理自己和他人的关系。当兄弟姐妹、朋友、父母（甚至你自己！）表达一种强烈的情绪时，你有能力领会到这些情绪是从何而来，对当下的情形来说是否合适。有可能你会注意到，这些强烈的表达是否能帮助别人更好地理解他们。当某人误解了一种状况，产生了看起来并不合适的情绪时，你不会感到困惑或者挫败，你能理解为什么会这样，你可以向他们说出来。你也可以辨别自己的情绪是否"熄火"了。

激烈的情绪和它们产生的强烈感觉是复杂的，很有意思的。对自己的情绪了解得越多，你就能更加理解自己，发现自己到底有多棒！

关于作者

玛丽 C. 拉米亚（Mary C. Lamia），博士，加利福尼亚州马林郡临床心理学家和精神分析学家，加利福尼亚州伯克利赖特学院教授。

关于译者

左右妈，萧愚家庭教育网校学员，两年美国生活经历，十年外企工作经验。母爱宣言："爱孩子，爱生活，爱阅读，爱英语。因为这些，我和三岁半的龙凤胎宝宝成了原版绘本的忠实粉丝。每晚与孩子们一起亲子阅读，是我最享受的生活乐趣。未来一路，我需更加耐心、细心，不断思索、修炼，坚持与孩子共同成长。"

关于萧愚家庭教育网校

成立于2009年，是学习型父母的在线大学，在籍学员逾千人。课程包括早期教育、学前教育、小学教育等多方面内容。建有儿童思维发展、儿童阅读、儿童数学、德育、学习困难等多个研究中心，经过两年多的发展，一个比较完备的家庭教育学习与研究体系已经初步形成。首次与出版机构合作翻译项目，由妈妈级、爸爸级译者担当，用知识与爱心铸就高品质图书。

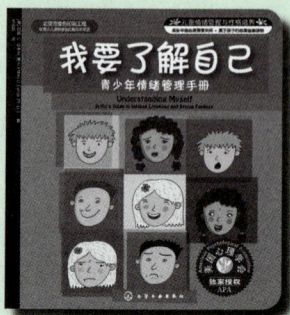

《我要了解自己：青少年情绪管理手册》

你会感到既开心又伤心吗？

愤怒会令你情绪激动吗？

你会嫉妒别人吗？

为什么有些事情会令人感到如此尴尬？

本书通过你身边现实生活中发生的事情、各种有趣的事实和关于感觉的小测试，介绍心理学方面的知识，有助于你体察到自己的情绪和感觉所透露的关于自己的、朋友的和家人的秘密。

翻开这本书开始阅读吧！很快你就将成为自己情绪问题的专家。

《我要做自己：青少年自信和自尊提升手册》

你喜欢做自己吗？你有自信吗？

你认为会有人因为喜欢你跟你玩吗？

如果你的回答是否定的，那么，不妨多了解一下这方面的知识。

怎么才能提升自信与自尊？

本书有大量技巧和建议，可以帮助你应对日常挑战。

通过阅读本书，你可以发现自己的潜力，更自信地面对学校生活，面对朋友，甚至一切事情！